电气工程技术与电气设备管理研究

翟婷婷 张永飞 付天昊 著

辽宁大学出版社 沈阳

图书在版编目（CIP）数据

电气工程技术与电气设备管理研究/翟婷婷，张永飞，付天昊著．--沈阳：辽宁大学出版社，2024．12．

ISBN 978-7-5698-1871-0

Ⅰ．TM

中国国家版本馆 CIP 数据核字第 20248E3F38 号

电气工程技术与电气设备管理研究
DIANQI GONGCHENG JISHU YU DIANQI SHEBEI GUANLI YANJIU

出 版 者：	辽宁大学出版社有限责任公司
	（地址：沈阳市皇姑区崇山中路 66 号　邮政编码：110036）
印 刷 者：	沈阳市建斌印务有限公司
发 行 者：	辽宁大学出版社有限责任公司

幅面尺寸：170mm×240mm

印　　张：12.5

字　　数：230 千字

出版时间：2024 年 12 月第 1 版

印刷时间：2025 年 1 月第 1 次印刷

责任编辑：李天泽

封面设计：韩　实

责任校对：张　茜

书　　号：ISBN 978-7-5698-1871-0

定　　价：88.00 元

联系电话：024-86864613
邮购热线：024-86830665
网　　址：http://press.lnu.edu.cn

前　言

随着科技的进步和工业自动化的快速发展，电气工程技术在现代工业生产中扮演着越来越重要的角色。电气设备作为工业生产中的核心组成部分，其性能的优劣直接影响到生产的效率和质量。因此，深入研究电气工程技术及其设备管理策略对提升工业生产水平、确保生产安全具有重要意义。

本书系统地介绍了电气工程领域的基础知识与前沿技术，涵盖了电力电子技术、电气自动化控制技术、火电厂高压配电设备、继电保护及设备检修与管理等多个方面。从电气工程的基本概念出发，逐步深入探讨了电力电子器件的工作原理与应用、自动化控制系统的设计与实施、火电厂高压配电系统的结构特点与运行管理等内容。此外，还特别关注了现代电力系统中采用的先进技术和问题解决方案，如智能电网、可再生能源接入等，以适应电力行业的未来发展需求。通过对这些关键技术的详细阐述，本书旨在为读者提供一个全面了解电气工程技术及其在火电厂等工业领域应用的平台，帮助读者掌握电气设备的维护与管理方法，从而提升电力系统的整体性能和可靠性。

本书在写作过程中参考了相关领域诸多的著作、论文、教材等，引用了国内外部分文献和相关资料，在此一并对作者表示诚挚的谢意和致敬。由于电气工程技术与电气设备管理等工作涉及的范畴比较广，需要探索的层面比较深，作者在写作的过程中难免会存在一定的不足，对一些相关问题的研究不透彻，恳请前辈、同行以及广大读者斧正。

目 录

第一章 电气工程概述 ·· 1

 第一节 电气工程简析 ·· 1
 第二节 电气工程的理论基础 ·· 18

第二章 电力电子技术 ·· 23

 第一节 功率半导体器件 ·· 23
 第二节 电力变换技术 ·· 29

第三章 电气自动化控制技术 ·· 36

 第一节 电气自动化控制技术的基本概念 ·· 36
 第二节 电气自动化控制技术系统分析 ··· 44
 第三节 电气自动化控制技术的应用 ·· 53

第四章 火电厂高压配电设备 ·· 67

 第一节 绝缘子、母线、电缆和架空线 ··· 67
 第二节 隔离开关、熔断器和负荷开关 ··· 71
 第三节 高压断路器 ··· 77
 第四节 互感器、滤过器和过滤器 ··· 84
 第五节 过电压保护设备与接地装置 ·· 87

第五章 火电厂设备的继电保护 ……………………………… 96

第一节 继电保护的基本知识 ………………………………… 96
第二节 发电机的继电保护 …………………………………… 103
第三节 变压器的继电保护 …………………………………… 109
第四节 输电线路的高频保护 ………………………………… 115

第六章 火电厂设备检修与管理 ……………………………… 119

第一节 设备点检定修 ………………………………………… 119
第二节 设备优化检修 ………………………………………… 131
第三节 设备寿命管理 ………………………………………… 139

第七章 现代电力系统的先进技术应用 ……………………… 151

第一节 DCS 及其在电力系统中的应用 …………………… 151
第二节 GIS 及其在电力系统中的应用 …………………… 182

参考文献 ………………………………………………………… 190

第一章　电气工程概述

第一节　电气工程简析

一、电气工程在国民经济中的地位

电能是最清洁的能源，它是由蕴藏于自然界中的煤、石油、天然气、水力、核能、风能和太阳能等一次能源转换而来的。同时，电能可以很方便地转换成其他形式的能量，如光能、热能、机械能和化学能等供人们使用。由于电（或磁、电磁）本身具有极强的可控性，大多数的能量转换过程都以电（或磁、电磁）作为中间能量形态进行调控，信息表达的交换也越来越多地采用电（或磁、电磁）这种特殊介质来实施。电能的生产、输送、分配、使用过程易于控制，电能也易于实现远距离传输。电作为一种特殊的能量存在形态，在物质、能量、信息的相互转化，以及能量之间的相互转化中起着重要的作用。因此，当代高新技术都与电能密切相关，并依赖于电能。电能为工农业生产过程和大范围的金融流通提供了保证；电能使当代先进的通信技术成为现实；电能使现代化运输手段得以实现；电能是计算机、机器人的能源。因此，电能已成为工业、农业、交通运输、国防科技及人们生活等人类现代社会各方面最主要的能源形式。

电气工程（EE，Electrical Engineering）是与电能生产和应用相关的技术，包括发电工程、输配电工程和用电工程。发电工程根据一次能源的不同可以分为火力发电工程、水力发电工程、核电工程、可再生能源工程等。输配电工程可以分为输变电工程和配电工程两类。用电工程可分为船舶电气工程、交通电气工程、建筑电气工程等。电气工程还可分为电机工程、电力电子技术、电力系统工程、高电压工程等。

电气工程是为国民经济发展提供电力能源及其装备的战略性产业，是国家工业化和国防现代化的重要技术支撑，是国家在世界经济发展中保持自主地位的关键产业之一。电气工程在现代科技体系中具有特殊的地位，它既是国民经济的一些基础工业（电力、电工制造等）所依靠的技术科学，又是另一些基础工业（能源、电信、交通、铁路、冶金、化工和机械等）必不可少的技术支持，更是一些高新技术的主要科技的组成部分。在与生物、环保、自动化、光学、半导体等民用和军工技术的交叉发展中，又是能促进尖端技术和新技术分支的形成因素；在一些综合性高科技成果（如卫星、飞船、导弹、空间站、航天飞机等）中，也必须有电气工程的新技术和新产品。可见，电气工程的产业关联度高，对原材料工业、机械制造业、装备工业以及电子、信息等一系列产业的发展均具有推动和带动作用，对提高整个国民经济效益，促进经济社会可持续发展，提高人民生活质量有显著的影响。电气工程与土木工程、机械工程、化学工程及管理工程并称现代社会五大工程。

经过改革开放多年的发展，我国电气工程已经形成了较完整的科研、设计、制造、建设和运行体系，成为世界电力工业大国之一。大电网安全稳定控制技术、新型输电技术的推广，大容量电力电子技术的研究和应用，风力发电、太阳能光伏发电等可再生能源发电技术的产业化及规模化应用，超导电工技术、脉冲功率技术、各类电工新材料的探索与应用取得重要进展。电子技术、计算机技术、通信技术、自动化技术等方面也得到了空前的发展，相继建立了各自的独立学科和专业，电气应用的领域超过以往任何时代。例如，建筑电气与智能化在建筑行业中的比重越来越大，现代化建筑物、建筑小区，乃至乡镇和城市对电气照明、楼宇自动控制、计算机网络通信，以及防火、防盗和停车场管理等安全防范系统的要求越来越迫切，也越来越高；在交通运输行业，过去采用蒸汽机或内燃机直接牵引的列车几乎全部都被电力牵引或电传动机车取代，磁悬浮列车的驱动、电动汽车的驱动、舰船的推进，甚至飞机的推进都将大量使用电力；机械制造行业中机电一体化技术的实现和各种自动化生产线的建设；国防领域的全电化军舰、战车、电磁武器等也都离不开电。特别是进入21世纪以来，电气工程领域全面贯彻科学发展观，新原理、新技术、新产品、新工艺获得广泛应用，拥有了一批具有自主知识产权的科技成果和产品，自主创新已成为行业的主旋律。我国的电气工程技术和产品，在满足国内市场需求的基础上已经开始走向世界。电气工程技术的飞速发展，迫切需要从事电气工程的大量各级专业技术人才。

二、电机工程

（一）电机的作用

电能在生产、传输、分配、使用、控制及能量转换等方面极为方便。在现代工业化社会中，各种自然能源一般都不直接使用，而是先将其转换为电能，再将电能转变为所需要的能量形态（如机械能、热能、声能、光能等）加以利用。电机是以电磁感应现象为基础实现机械能与电能之间的转换以及变换电能的装置，包括旋转电机和变压器两大类。它是工业、农业、交通运输业、国防工程、医疗设备等日常生活中十分重要的设备。

电机的作用主要表现在以下三个方面。

（1）电能的生产、传输和分配。电力工业中，电机是发电厂和变电站中的主要设备。由汽轮机或水轮机带动的发电机将机械能转换成电能，然后用变压器升高电压，通过输电线把电能输送到用电地区，再经变压器降低电压，供用户使用。

（2）驱动各种生产机械和装备。在工农业、交通运输、国防等部门和生活设施中，极为广泛地应用各种电动机来驱动生产机械、设备和器具。例如，数控机床、纺织机、造纸机、轧钢机、起吊、供水排灌、农副产品加工、矿石采掘和输送、电车和电力机车的牵引、医疗设备及家用电器的运行等一般都采用电动机来驱动。发电厂的多种辅助设备，如给水机、鼓风机、传送带等，也都需要电动机驱动。

（3）用于各种控制系统以实现自动化、智能化。随着工农业和国防设施自动化水平的日益提高，还需要多种多样的控制电动机作为整个自动控制系统中的重要元件，可以在控制系统、自动化和智能化装置中作为执行、检测、放大或解算元件。这类电动机功率一般较小，但品种繁多、用途各异。例如，可用于控制机床加工的自动控制和显示、阀门遥控、电梯的自动选层与显示、火炮和雷达的自动定位、飞行器的发射和姿态等。

（二）电机的分类

电机的种类很多。按照不同的分类方法，电机可有如下分类。

1. 按照在应用中的功能来分

电机可以分为下列各类。

（1）发电机。由原动机拖动，将机械能转换为电能的电机。

（2）电动机。将电能转换为机械能的电机。

（3）将电能转换为另一种形式电能的电机，又可以细分为：①变压器，其输出和输入为不同的电压；②变流机，输出与输入为不同的波形，如将交流变为直流；③变频机，输出与输入为不同的频率；④移相机，输出与输入为不同的相位。

（4）控制电机。在机电系统中起调节、放大和控制作用的电机。

2. 按照所应用的电流种类分类

电机可以分为直流电机和交流电机两类。

按原理和运动方式分类，电机又可以分为：①直流电机，没有固定的同步速度；②变压器，静止设备；③异步电机，转子速度永远与同步速度有差异；④同步电机，速度等于同步速度；⑤交流换向器电机，速度可以在宽广范围内随意调节。

3. 按照功率大小分类

电机可以分为大型电机、中小型电机和微型电机等。

电机的结构、电磁关系、基础理论知识、基本运行特性和一般分析方法等知识都在电机学这门课程中讲授。电机学是电气工程及其自动化本科专业的一门核心专业基础课。基于电磁感应定律和电磁力定律，以变压器、异步电机、同步电机和直流电机四类典型通用电机为研究对象，阐述它们的工作原理和运行特性，着重于稳态性能的分析。

随着电力电子技术和电工材料的发展，出现了其他一些特殊电机，它们并不属于上述传统的电机类型，如永磁无刷电动机、直线电机、步进电动机、超导电机、超声波压电电机等，这些电机通常称为特种电机。

(三) 电机的应用领域

1. 电力工业

(1) 发电机。发电机是将机械能转变为电能的机械，发电机将机械能转变成电能后输送到电网。由燃油与煤炭或原子能反应堆产生的蒸汽将热能变为机械能的蒸汽轮机驱动的发电机称为汽轮发电机，用于火力发电厂和核电厂。由水轮机驱动的发电机称为水轮发电机，也是同步电机的一种，用于水力发电厂。由风力机驱动的发电机称为风力发电机。

(2) 变压器。变压器是一种静止电机，其主要组成部分是铁芯和绕组。变压器只能改变交流电压或电流的大小，不能改变频率；它只能传递电能，而不能产生电能。为了将大功率的电能输送到远距离的用户中去，需要用升压变压器将发电机发出的电压（通常只有 $10.5 \sim 20 \text{kV}$）逐级升高到 $110 \sim 1000 \text{kV}$，用高压线路输电可以减少损耗。在电能输送到用户地区后，再用降压变压器逐级降压，供用户使用。

2. 工业生产部门与建筑业

工业生产广泛应用电动机作为动力，在机床、轧钢机、鼓风机、印刷机、水泵、抽油机、起重机、传送带和生产线等设备上，大量使用中、小功率的感应电动机，这是因为感应电动机结构简单、运行可靠、维护方便、成本低廉。感应电动机约占所有电气负荷功率的 60%。

在高层建筑中，电梯、滚梯是靠电动机曳引的。宾馆的自动门、旋转门是由电动机驱动的，建筑物的供水、供暖、通风需要水泵、鼓风机等，这些设备也都是由电动机驱动的。

3. 交通运输

（1）电力机车与城市轨道交通。电力机车与城市轨道交通系统的牵引动力来源是电能，机车本身没有原动力，而是依靠外部供电系统供应电力，并通过机车上的牵引电动机驱动机车前进。机车电传动实质上就是牵引电动机变速传动，用交流电动机或直流电动机均能实现。普通列车只有机车是有动力的（动力集中），而高速列车的牵引功率大，一般采用动车组（动力分散）方式，即部分或全部车厢的转向架也有牵引电动机提供动力。目前，世界上的电力牵引动力以交流传动为主体。

（2）内燃机车。内燃机车是以内燃机作为原动力的一种机车。电力传动内燃机车的能量传输过程是柴油机驱动主发电机发电，然后向牵引电动机供电使其旋转，并通过牵引齿轮传动驱动机车轮对旋转。根据电机型式不同，内燃机车可分为直－直流电力传动、交－直流电力传动、交－直－交流电力传动和交－交流电力传动等类型。

（3）船舶。目前绝大多数船舶还是内燃机直接推进的，内燃机通过从船腹伸到船尾外部的粗大的传动轴带动螺旋桨旋转推进。

（4）汽车。在内燃机驱动的汽车上，从发电机、启动机到雨刷、音响，都要用到大大小小的电机。一辆现代化的汽车，可能要用几十台甚至上百台电机。

（5）电动车。电动车包括纯电动车和混合动力车，由于目前电池的功率密度与能量密度较低，所以，内燃机与电动机联合提供动力的混合动力车目前发展较快。

（6）磁悬浮列车。磁悬浮铁路系统是一种新型的有导向轨的交通系统，主要依靠电磁力实现传统铁路中的支承、导向和牵引功能。

（7）直线电动机轮轨车辆。直线感应电动机牵引车辆是介于轮轨与磁悬浮车辆之间的一种机车，兼有轮轨安全可靠和磁悬浮非黏着牵引的优点。

4. 医疗、办公设备与家用电器

在医疗器械中，心电机、X光机、CT、牙科手术工具、渗析机、呼吸机、电动轮椅等；在办公设备中，计算机的DVD驱动器、CD－ROM、磁盘驱动器主轴都采用永磁无刷电动机。打印机、复印机、传真机、碎纸机、电动卷笔刀等都用到各种电动机。在家用电器中，只要有运动部件，几乎都离不开电动机，如电冰箱和空调器的压缩机、洗衣机转轮与甩干筒、吸尘器、电风扇、抽油烟机、微波炉转盘、DVD 机、磁带录音机、录像机、摄像机、全自动照相机、吹风机、按摩器、电动剃须刀等，不胜枚举。

5. 电机在其他领域的应用

在国防领域，航空母舰用直线感应电动机飞机助推器取代了传统的蒸汽助推器；电舰船、战车、军用雷达都是靠电动机驱动和控制的。在战斗机机翼上和航空器中，用电磁执行器取代传统的液压、气动执行器，其主体是各种电动机。再如，演出设备（如电影放映机、旋转舞台等），运动训练设备（如电动跑步机、电动液压篮球架、电动发球机等），家具，游乐设备（如缆车、过山车等），以及电动玩具的主体也都是电动机。

（四）电动机的运行控制

1. 电动机的启动

笼形异步电动机的启动方法有全压直接启动、降低电压启动和软启动三种方法。直流电动机的启动方法有直接启动、串联变阻器启动和软启动三种方法。

同步电动机本身没有启动转矩，其启动方法有很多种，有的同步电动机将阻尼绕组和实心磁极当成二次绕组而作为笼形异步电动机进行启动，也有的同步电动机把励磁绕组和绝缘的阻尼绕组当成二次绕组而作为绕线式异步电动机进行启动。当启动加速到接近同步转速时投入励磁，进入同步运行。

2. 电动机的调速

调速是电力拖动机组在运行过程中的基本要求，直流电动机具有可以在宽广范围内平滑经济调速的优良性能。直流电动机有电枢回路串电阻、改变励磁电流和改变端电压三种调速方式。

交流电动机的调速方式有变频调速、变极调速和调压调速三种，其中以变频调速应用最广泛。变频调速是通过改变电源频率来改变电动机的同步转速，使转子转速随之变化的调速方法。在交流调速中，用变频器来改变电源频率。变频器具有高效率的驱动性能和良好的控制特性，且操作方便、占地面积小，因而得到广泛应用。应用变频调速可以节约大量电能，提高产品质量，实现机电一体化。

3. 电动机的制动

制动是生产机械对电动机的特殊要求，制动运行是电动机的又一种运行方式，它是一种一边吸收负载的能量一边运转的状态。电动机的制动方法有机械制动方法和电气制动方法两大类。机械制动方法是利用弹力或重力加压产生摩擦来制动的。机械制动方法的特征是即使在停止时也有制动转矩作用，其缺点是要产生摩擦损耗。电气制动是一种由电气方式吸收能量的制动方法，这种制动方法适用于频繁制动或连续制动的场合，常用的电气制动方法有反接制动、正接反转制动、能耗制动和回馈制动几种。

（五）电器的分类

广义上的电器是指所有用电的器具，但是在电气工程中，电器特指用于对电路进行接通、分断，对电路参数进行变换以实现对电路或用电设备的控制、调节、切换、监测和保护等作用的电工装置、设备和组件。电机（包括变压器）属于生产和变换电能的机械设备，我们习惯上不将其包括在电器之列。

电器按功能可分为以下几种。

（1）用于接通和分断电路的电器，主要有断路器、隔离开关、重合器、分段器、接触器、熔断器、刀开关、接触器和负荷开关等。

（2）用于控制电路的电器，主要有电磁启动器、星形－三角形启动器、自耦减压启动器、频敏启动器、变阻器、控制继电器等，用于电机的各种启动器正越来越多地被电力电子装置所取代。

（3）用于切换电路的电器，主要有转换开关、主令电器等。

（4）用于检测电路参数的电器，主要有互感器、传感器等。

（5）用于保护电路的电器，主要有熔断器、断路器、限流电抗器和避雷器等。

电器按工作电压可分为高压电器和低压电器两类。在我国，工作交流电压在1000V及以下，直流电压在1500V及以下的属于低压电器；工作交流电压在1000V以上，直流电压在1500V以上的属于高压电器。

三、电力系统工程

（一）电力系统的组成

电力系统是由发电、变电、输电、配电、用电等设备和相应的辅助系统，按规定的技术和经济要求组成的一个统一系统。电力系统主要由发电厂、电力网和负荷等组成。发电厂的发电机将一次能源转换成电能，再由升压变压器把低压电能转换为高压电能，经过输电线路进行远距离输送，在变电站内进行电压升级，送至负荷所在区域的配电系统，再由配电所和配电线路把电能分配给电力负荷（用户）。

电力网是电力系统的一个组成部分，是由各种电压等级的输电、配电线路以及它们所连接起来的各类变电所组成的网络。由电源向电力负荷输送电能的线路，称为输电线路，包含输电线路的电力网称为输电网；担负分配电能任务的线路称为配电线路，包含配电线路的电力网称为配电网。电力网按其本身结构可以分为开式电力网和闭式电力网两类。凡是用户只能从单个方向获得电能的电力网，称为开式电力网；凡是用户可以从两个或两个以上方向获得电能的电力网，称为闭式电力网。

动力部分与电力系统组成的整体称为动力系统。动力部分主要指火电厂的锅炉、汽轮机，水电厂的水库、水轮机和核电厂的核反应堆等。

（二）电力系统运行的特点

1. 电能不能大量存储

电能生产是一种能量形态的转变，要求生产与消费同时完成，即每时每刻电力系统中电能的生产、输送、分配和消费实际上同时进行，发电厂任何时刻生产的电功率等于该时刻用电设备消耗功率和电网损失功率之和。

2. 电力系统暂态过程非常迅速

电是以光速传播的，所以，电力系统从一种运行方式过渡到另外一种运行方式所引起的电磁过程和机电过渡过程是非常迅速的。通常情况下，电磁波的变化过程只有千分之几秒，甚至百万分之几秒，即为微秒级；电磁暂态过程为几毫秒到几百毫秒，即为毫秒级；机电暂态过程为几秒到几百秒，即为秒级。

3. 与国民经济的发展密切相关

电能供应不足或中断供应，将直接影响国民经济各个部门的生产和运行，也将影响人们正常生活，在某些情况下甚至会造成政治上的影响或极其严重的社会性灾难。

（三）对电力系统的基本要求

1. 保证供电可靠性

保证供电的可靠性，是对电力系统最基本的要求。系统应具有经受一定程度的干扰和故障的能力，但当事故超出系统所能承受的范围时，停电是不可避免的。供电中断造成的后果是十分严重的，应尽量缩小故障范围和避免大面积停电，尽快消除故障，恢复正常供电。

根据现行国家标准《供配电系统设计规范》的规定，电力负荷根据供电可靠性及中断供电在政治、经济上所造成的损失或影响的程度，将负荷分为三级。

（1）一级负荷。对这一级负荷中断供电，将造成政治或经济上的重大损失，如导致人身事故、设备损坏、产品报废，使生产秩序长期不能恢复，人民生活发生混乱。在一级负荷中，当中断供电将造成重大设备损坏或发生中毒、爆炸和火灾等情况的负荷，以及特别重要场所的不允许中断供电的负荷，应视为一级负荷中特别重要的负荷。

（2）二级负荷。对这类负荷中断供电，将造成大量减产，将使人民生活受到影响。

(3) 三级负荷。所有不属于一、二级的负荷,如非连续生产的车间及辅助车间和小城镇用电等。

一级负荷由两个独立电源供电,要保证不间断供电。一级负荷中特别重要的负荷供电,除应由双重电源供电外,尚应增设应急电源,并不得将其他负荷接入应急供电系统。设备供电电源的切换时间应满足设备允许中断供电的要求。对二级负荷,应尽量做到事故时不中断供电,允许手动切换电源;对三级负荷,在系统出现供电不足时首先断电,以保证一、二级负荷供电。

2. 保证良好的电能质量

电能质量主要从电压、频率和波形三个方面来衡量。检测电能质量的指标主要是电压偏移和频率偏差。随着用户对供电质量要求的提高,谐波、三相电压不平衡度、电压闪变和电压波动均纳入电能质量监测指标。

3. 保证系统运行的经济性

电力系统运行有三个主要经济指标,即煤耗率(即生产每 $kW \cdot h$ 能量的消耗,也称为油耗率、水耗率)、自用电率(生产每 $kW \cdot h$ 电能的自用电)和线损率(供配每 $kW \cdot h$ 电能时在电力网中的电能损耗)。保证系统运行的经济性就是使以上三个指标最小。

4. 电力工业优先发展

电力工业必须优先于国民经济其他部门的发展,只有电力工业优先发展了,国民经济其他部门才能有计划、按比例地发展,否则会对国民经济的发展起到制约作用。

5. 满足环保和生态要求

控制温室气体和有害物质的排放,控制冷却水的温度和速度,防止核辐射,减少高压输电线的电磁场对环境的影响和对通信的干扰,降低电气设备运行中的噪声等。开发绿色能源,保护环境和生态,做到能源的可持续利用和发展。

(四)电力系统运行

1. 电力系统分析

电力系统分析是用仿真计算或模拟试验方法,对电力系统的稳态和受到干扰后的暂态行为进行计算、考查,做出评估,提出改善系统性能的措施的过程。通过分析计算,可对规划设计的系统选择正确的参数,制定合理的电网结构,对运行系统确定合理的运行方式,进行事故分析和预测,提出防止和处理事故的技术措施。电力系统分析分为电力系统稳态分析、故障分析和暂态过程的分析。电力系统分析的基础为电力系统潮流计算、短路故障计算和稳定计算。

(1) 电力系统稳态分析。电力系统稳态分析主要研究电力系统稳态运行方式的性能,包括潮流计算、静态稳定性分析和谐波分析等。

电力系统潮流计算包括系统有功功率和无功功率的平衡,网络节点电压和支路功率的分布等,解决系统有功功率和频率调整,无功功率和电压控制等问题。潮流计算是电力系统稳态分析的基础。潮流计算的结果可以给出电力系统稳态运行时各节点电压和各支路功率的分布。在不同系统运行方式下进行大量潮流计算,可以研究并从中选择确定经济上合理、技术上可行、安全上可靠的运行方式。潮流计算还给出电力网的功率损耗,便于进行网络分析,并进一步制订降低网损的措施。潮流计算还可以用于电力网事故预测,确定事故影响的程度和防止事故扩大的措施。潮流计算也用于输电线路工频过电压研究和调相、调压分析,为确定输电线路并联补偿容量、变压器可调分接头设置等系统设计的主要参数以及线路绝缘水平提供部分依据。

静态稳定性分析主要分析电网在小扰动下保持稳定运行的能力,包括静态稳定裕度计算、稳定性判断等。为确定输电系统的输送功率,分析静态稳定破坏和低频振荡事故的原因,选择发电机励磁调节系统、电力系统稳定器和其他控制调节装置的形式和参数提供依据。

谐波分析主要通过谐波潮流计算,研究在特定谐波源作用下,电力网内各节点谐波电压和支路谐波电流的分布,确定谐波源的影响,从而制订消除谐波的措施。

(2) 电力系统故障分析。电力系统故障分析主要研究电力系统中发生故障(包括短路、断线和非正常操作)时,故障电流、电压及其在电力网中的分布。短路电流计算是故障分析的主要内容。短路电流计算的目的是确定短路故障的严重程度,选择电气设备参数,整定继电保护,分析系统中负序及零序电流的分布,从而确定其对电气设备和系统的影响等。

电磁暂态分析还研究电力系统故障和操作过电压的过程,为变压器、断路器等高压电气设备和输电线路的绝缘配合和过电压保护的选择以及降低或限制电力系统过电压技术措施的制订提供依据。

(3) 电力系统暂态分析。电力系统暂态分析主要研究电力系统受到扰动后的电磁和机电暂态过程,包括电磁暂态过程的分析和机电暂态过程的分析两种。

电磁暂态过程的分析主要研究电力系统故障和操作过电压及谐振过电压,为变压器、断路器等高压电气设备和输电线路的绝缘配合和过电压保护的选择,以及降低或限制电力系统过电压技术措施的制订提供依据。

机电暂态过程的分析主要研究电力系统受到大扰动后的暂态稳定和受到小

扰动后的静态稳定性能。其中，暂态稳定分析主要研究电力系统受到诸如短路故障，切除或投入线路、发电机、负荷，发电机失去励磁或者冲击性负荷等大扰动作用下，电力系统的动态行为和保持同步稳定运行的能力，为选择规划设计中的电力系统的网络结构，校验和分析运行中的电力系统的稳定性能和稳定破坏事故，制订防止稳定破坏的措施提供依据。

2. 电力系统继电保护和安全自动装置

电力系统继电保护和安全自动装置是在电力系统发生故障或不正常运行情况时，用于快速切除故障、消除不正常状况的重要自动化技术和设备（装置）。电力系统发生故障或危及其安全运行的事件时，它们可及时发出警告信号或直接发出跳闸命令以终止事件发展。用于保护电力元件的设备通常称为继电保护装置，用于保护电力系统安全运行的设备通常称为安全自动装置，如自动重合闸、按周减载等。

3. 电力系统自动化

应用各种具有自动检测、反馈、决策和控制功能的装置，并通过信号、数据传输系统对电力系统各元件、局部系统或全系统进行就地或远方的自动监视、协调、调节和控制，以保证电力系统的供电质量和安全经济运行。

随着电力系统规模和容量的不断扩大，系统结构、运行方式日益复杂，单纯依靠人力监视系统运行状态、进行各项操作、处理事故，已无能为力。因此，必须应用现代控制理论、电子技术、计算机技术、通信技术和图像显示技术等科学技术的最新成就来实现电力系统自动化。

四、高电压工程

（一）高电压与绝缘技术的研究内容

1. 高电压的产生

根据需要人为地获得预期的高电压是高电压技术中的核心研究内容。这是因为在电力系统中，在大容量、远距离的电力输送要求越来越高的情况下，几十万伏的高电压和可靠的绝缘系统是支撑其实现的必备的技术条件。

电力系统一般通过高电压变压器、高压电路瞬态过程变化产生交流高电压，直流输电工程中采用先进的高压硅堆等作为整流阀把交流电变换成高压直流电。一些自然物理现象也会形成高电压，如雷电、静电。高电压试验中的试验高电压由高电压发生装置产生，通常有发电机、电力变压器以及专门的高电压发生装置。常见的高电压发生装置有：由工频试验变压器、串联谐振实验装置和超低频试验装置等组成的交流高电压发生装置；利用高压硅堆等作为整流阀的直流高电压发生装置；模拟雷电过电压或操作过电压的冲击电压电流发生装置。

2. 高电压绝缘与电气设备

在高电压技术研究领域内，不论是要获得高电压，还是研究高电压下系统特性或者在随机干扰下电压的变化规律，都离不开绝缘的支撑。

高电压设备的绝缘应能承受各种高电压的作用，包括交流和直流工作电压、雷电过电压和内过电压。研究电介质在各种作用电压下的绝缘特性、介电强度和放电机理，以便合理解决高电压设备的绝缘结构问题。电介质在电气设备中是作为绝缘材料使用的，按其物质形态，可分为气体介质、液体介质和固体介质三类。在实际应用中，对高压电气设备绝缘的要求是多方面的，单一电介质往往难以满足要求，因此，实际的绝缘结构由多种介质组合而成。电气设备的外绝缘一般由气体介质和固体介质联合组成，而设备的内绝缘则往往由固体介质和液体介质联合组成。

过电压对输电线路和电气设备的绝缘是个严重的威胁，为此，要着重研究各种气体、液体和固体绝缘材料在不同电压下的放电特性。

3. 高电压试验

高电压领域的各种实际问题一般都需要经过试验来解决，因此，高电压试验设备、试验方法以及测量技术在高电压技术中占有格外重要的地位。电气设备绝缘预防性试验已成为保证现代电力系统安全可靠运行的重要措施之一。这种试验除了在新设备投入运行前在交接、安装、调试等环节中进行外，更多的是对运行中的各种电气设备的绝缘定期进行检查，以便及早发现绝缘缺陷，及时更换或修复，防患于未然。

绝缘故障大多因内部存在缺陷而引起，就其存在的形态而言，绝缘缺陷可分为两大类。第一类是集中性缺陷，这是指电气设备在制造过程中形成的局部缺损，如绝缘子瓷体内的裂缝、发电机定子绝缘层因挤压磨损而出现的局部破损、电缆绝缘层内存在的气泡等，这一类缺陷在一定条件下会发展扩大，波及整体。第二类是分散性缺陷，这是指高压电气设备整体绝缘性能下降，如电机、变压器等设备的内绝缘材料受潮、老化、变质等。

绝缘内部有了缺陷后，其特性往往会发生变化，因此，可以通过实验测量绝缘材料的特性及其变化来查出隐藏的缺陷，以判断绝缘状况。由于缺陷种类很多、影响各异，所以绝缘预防性试验的项目也就多种多样。高电压试验可分为两大类，即非破坏性试验和破坏性试验。

电气设备绝缘试验主要包括绝缘电阻及吸收比的测量，泄漏电流的测量，介质损失角正切的测量，局部放电的测量，绝缘油的色谱分析，工频交流耐压试验，直流耐压试验，冲击高电压试验，电气设备的在线检测等。每个项目所反映的绝缘状态和缺陷性质亦各不相同，故同一设备往往要接受多项试验，才能得出比较准确的判断和结论。

4. 电力系统过电压及其防护

研究电力系统中各种过电压，以便合理确定其绝缘水平是高电压技术的重要内容之一。

电力系统的过电压包括雷电过电压（又称大气过电压）和内部过电压。雷击除了威胁输电线路和电气设备的绝缘外，还会危害高建筑物、通信线路、天线、飞机、船舶和油库等设施的安全。目前，人们主要是设法去躲避和限制雷电的破坏性，基本措施就是加装避雷针、避雷线、避雷器、防雷接地、电抗线圈、电容器组、消弧线圈和自动重合闸等防雷保护装置。避雷针、避雷线用于防止直击雷过电压。避雷器用于防止沿输电线路侵入变电所的感应雷过电压，有管型和阀型两种。现在广泛采用金属氧化物避雷器（又称氧化锌避雷器）。

电力系统对输电线路、发电厂和变电所的电气装置都要采取防雷保护措施。

电力系统内过电压是因正常操作或故障等原因使电路状态或电磁状态发生变化，引起电磁能量振荡而产生的。其中，衰减较快、持续时间较短的称为操作过电压；无阻尼或弱阻尼、持续时间长的称为暂态过电压。

过电压与绝缘配合是电力系统中一个重要的课题，首先需要清楚过电压的产生和传播规律，然后根据不同的过电压特征决定其防护措施和绝缘配合方案。随着电力系统输电电压等级的提高，输变电设备的绝缘部分占总设备投资的比重越来越大。因此，采用何种限压措施和保护措施，使之在不增加过多的投资前提下，既可以保证设备安全使系统可靠地运行，又可以减少主要设备的投资费用，这个问题归结为绝缘如何配合的问题。

（二）高电压与绝缘技术的应用

高电压与绝缘技术在电气工程以外的领域得到广泛的应用，如在粒子加速器、大功率脉冲发生器、受控热核反应研究、磁流体发电、静电喷涂和静电复印等都有应用。下面作简单的介绍。

1. 等离子体技术及其应用

所谓等离子体，指的是一种拥有离子、电子和核心粒子的不带电的离子化物质。等离子体包括有几乎相同数量的自由电子和阳极电子。等离子体可分为两种，即高温和低温等离子体。高温等离子体主要应用于温度为 $10^2 \sim 10^4 \text{eV}$（1~10亿摄氏度，$1\text{eV} = 11600\text{K}$）的超高温核聚变发电。而低温等离子体广泛运用于多种生产领域：等离子体电视；等离子体刻蚀，如电脑芯片中的刻蚀；等离子体喷涂；制造新型半导体材料；纺织、冶炼、焊接、婴儿尿布表面防水涂层，增加啤酒瓶阻隔性；等离子体隐身技术在军事方面还可应用于飞行器的隐身。

2. 静电技术及其应用

静电感应、气体放电等效应用于生产和生活等多方面的活动，形成了静电技术，它广泛应用于电力、机械、轻工等高技术领域。如静电除尘广泛用于工厂烟气除尘；静电分选可用于粮食净化、茶叶挑选、冶炼选矿、纤维选拣等；静电喷涂、静电喷漆广泛应用于汽车、机械、家用电器，静电植绒，静电纺纱，静电制版；还有静电轴承、静电透镜、静电陀螺仪和静电火箭发电机等应用。

3. 在环保领域的应用

在烟气排放前，可以通过高压窄脉冲电晕放电来对烟气进行处理，以达到较好的脱硫脱硝效果，并且在氨注入的条件下，还可以生成化肥。在处理汽车尾气方面，国际上也在尝试用高压脉冲放电产生非平衡态等离子体来处理。在污水处理方面，采用水中高压脉冲放电的方法，对废水中的多种燃料能够实现较好的降解效果。在杀毒灭菌方面，通过高压脉冲放电产生的各种带电粒子和中性粒子发生的复杂反应，能够产生高浓度的臭氧和大量的活性自由基来杀毒灭菌。通过高电压技术人工模拟闪电，能够在无氧状态下，用强带电粒子流破坏有毒废弃物，将其分解成简单分子，并在冷却中和后形成高稳定性的玻璃体物质或者有价金属等，此技术对于处理固体废弃物中的有害物质效果显著。

4. 在照明技术中的应用

气体放电光源是利用气体放电时发光的原理制成的光源。气体放电光源中，应用较多的是辉光放电和弧光放电现象。辉光放电用于霓虹灯和指示灯，弧光放电有很强的光通量，用于照明光源，常用的有荧光灯、高压汞灯、高压钠灯、金属卤化物灯和氙灯等气体放电灯。气体放电用途极为广泛，在摄影、放映、晒图、照相复印、光刻工艺、化学合成、荧光显微镜、荧光分析、紫外探伤、杀菌消毒、医疗、生物栽培等方面也都有广泛的应用。

此外，在生物医学领域，静电场或脉冲电磁场对于促进骨折愈合效果明显。在新能源领域，受控核聚变、太阳能发电、风力发电以及燃料电池等新能源技术得到飞跃发展。

五、电气工程新技术

(一) 超导电工技术

超导电工技术涵盖了超导电力科学技术和超导强磁场科学技术，包括实用超导线与超导磁体技术与应用，以及初步产业化的实现。

20世纪初，荷兰科学家昂纳斯在测量低温下汞电阻率的时候发现，当温度降到4.2K附近，汞的电阻突然消失，后来他又发现许多金属和合金都具有与上述汞相类似的低温下失去电阻的特性，这就是超导态的零电阻效应，它是超导态的基本性质之一。之后，荷兰的迈斯纳和奥森菲尔德共同发现了超导体的另一个极为重要的性质，当金属处在超导状态时，这一超导体内的磁感应强度为零，也就是说，磁力线完全被排斥在超导体外面。人们将这种现象称为"迈斯纳效应"。

利用超导体的抗磁性可以实现磁悬浮。把一块磁铁放在超导体上，由于超导体会把磁感应线排斥出去，超导体跟磁铁之间有排斥力，结果磁铁悬浮在超导盘的上方。这种超导磁悬浮在工程技术中是可以大大利用的，超导磁悬浮轴承就是一例。

超导材料分为高温超导材料和低温超导材料两类，使用最广的是在液氦温区使用的低温超导材料NbTi导线和液氮温区高温超导材料Bi系带材。20世纪60年代初，实用超导体出现后，人们就期待利用它使现有的常规电工装备的性能得到改善和提高，并期望许多过去无法实现的电工装备能成为现实。20世纪90年代以来，实用的高临界温度超导体与超导线的发展，掀起了世界范围内新的超导电力热潮，这包括输电、限流器、变压器、飞轮储能等多方面的应用，超导电力被认为可能是21世纪最主要的电力新技术储备。

我国在超导技术研究方面，包括有关的工艺技术的研究和实验型样机的研制上，都建立了自己的研究开发体系，有自己的知识积累和技术储备，在电力领域也已开发出或正在研制开发超导装置的实用化样机，如高温超导输电电缆、高温超导变压器、高温超导限流器、超导储能装置和移动通信用的高温超导滤波器系统等，有的已投入试验运行。

高温超导材料的用途非常广阔，正在研究和开发的大致可分为大电流应用（强电应用）、电子学应用（弱电应用）和抗磁性应用三类。

（二）磁流体推进技术

1. 磁流体推进船

磁流体推进船是在船底装有线圈和电极，当线圈通上电流，就会在海水中产生磁场，利用海水的导电特性，与电极形成通电回路，使海水带电。这样，带电的海水在强大磁场的作用下，产生使海水运动的电磁力，而船体就在反作用力的推动下向相反方向运动。由于超导电磁船是依靠电磁力作用而前进的，所以它不需要螺旋桨。

磁流体推进船的优点在于可以利用海水作为导电流体，而处在超导线圈形成的强磁场中的这些海水"导线"，必然会受到电磁力的作用，其方向可以用物理学上的左手定则来判定。所以，在预先设计好的磁场和电流方向的配置下，海水这根"导线"被推向后方。同时，超导电磁船所获得的推力与通过海水的电流大小、超导线圈产生的磁场强度成正比。由此可知，只要控制进入超导线圈和电极的电流大小和方向，就可以控制船的速度和方向，并且可以做到瞬间启动、瞬时停止、瞬时改变航向，具有其他船舶无法与之相比的机动性。

但是由于海水的电导率不高，要产生强大的推力，线圈内必须通过强大的电流产生强磁场。如果用普通线圈，不仅体积庞大，而且极为耗能，所以必须采用超导线圈。

超导磁流体船舶推进是一种正在发展的新技术。随着超导强磁场的顺利实现，各国从 20 世纪 60 年代就开始了认真的研究发展工作。20 世纪 90 年代初，国外载人试验船就已经顺利地进行了海上试验。中国科学院电工研究所也进行了超导磁流体模型船试验。

2. 等离子磁流体航天推进器

目前，航天器主要依靠燃烧火箭上装载的燃料推进，这使得火箭的发射质量很大，效率也比较低。为了节省燃料、提高效率、减小火箭发射质量，国外已经开始研发不需要燃料的新型电磁推进器。等离子磁流体推进器就是其中一种，它也称为离子发动机。与船舶的磁流体推进器不同，等离子磁流体推进器是利用等离子体作为导电流体。等离子磁流体推进器由同心的芯柱（阴极）与外环（阳极）构成，在两极之间施加高电压可同时产生等离子体和强磁场，在强磁场的作用下，等离子体将高速运动并喷射出去，推动航天器前进。

（三）磁悬浮列车技术

磁悬浮列车是一种采用磁悬浮、直线电动机驱动的新型无轮高速地面交通工具，它主要依靠电磁力实现传统铁路中的支承、导向和牵引功能。相应的磁悬浮铁路系统是一种新型的有导向轨的交通系统。由于运行的磁悬浮列车和线路之间无机械接触或可大大避免机械接触，从根本上突破了轮轨铁路中轮轨关系和弓网关系的约束，具有速度高、客运量大、对环境影响（噪声、振动等）小、能耗低、维护便宜、运行安全平稳、无脱轨危险、有很强的爬坡能力等一系列优点。

磁悬浮列车的实现要解决磁悬浮、直线电动机驱动、车辆设计与研制、轨道设施、供电系统、列车检测与控制等一系列高新技术的关键问题。任何磁悬浮列车都需要解决三个基本问题，即悬浮、驱动与导向。磁悬浮目前主要有电磁式、电动式和永磁式三种方式。驱动用的直线电动机有同步直线电动机和异步直线电动机两种。导向分为主动导向和被动导向两类。

高速磁悬浮列车有常导与超导两种技术方案，采用超导的优点是悬浮气隙大、轨道结构简单、造价低、车身轻，随着高温超导的发展与应用，将具有更大的优越性。目前，铁路电气化常规轮轨铁路的运营时速为200～350km/h，磁悬浮列车可以比轮轨铁路更经济地达到较高的速度（400～550km/h）。低速运行的磁悬浮列车，在环境保护方面也比其他公共交通工具有优势。

（四）燃料电池技术

水电解以后可以生成氢和氧，其逆反应则是氢和氧化合生成水。燃料电池正是利用水电解及其逆反应获取电能的装置。以天然气、石油、甲醇、煤等原料为燃料制造氢气，然后与空气中的氧反应，便可以得到需要的电能。

燃料电池主要由燃料电极和氧化剂电极及电解质组成，加速燃料电池电化学反应的催化剂是电催化剂。常用的燃料有氢气、甲醇、肼液氨、烃类和天然气，如航天用的燃料电池大部分用氢或肼作燃料。氧化剂一般用空气或纯氧气，也有用过氧化氢水溶液。作为燃料电极的电催化剂有过渡金属和贵金属铂、钯、钌、镍等，作氧电极用的电催化剂有银、金、汞等。其工作原理是由氧电极和电催化剂与防水剂组成的燃料电极形成阳极和阴极，阳极和阴极之间用电解质（碱溶液或酸溶液）隔开，燃料和氧化剂（空气）分别通入两个电极，在电催化剂的催化作用下，同电解质一起发生氧化还原反应。反应中产生的电子由导线引出，这样便产生了电流。因此，只要向电池的工作室不断加入燃料和氧化剂，并及时把电极上的反应产物和废电解质排走，燃料电池就能持续不断地供电。

燃料电池与一般火力发电相比，具有许多优点：发电效率比目前应用的火力发电还高，既能发电，同时还可获得质量优良的水蒸气来供热，其总的热效率可达到80%；工作可靠，不产生污染和噪声；燃料电池可以就近安装，简化了输电设备，降低了输电线路的电损耗；几百上千瓦的发电部件可以预先在工厂里做好，然后再把它运到燃料电池发电站去进行组装，建造发电站所用的时间短；体积小、重量轻、使用寿命长、单位体积输出的功率大，可以实现大功率供电。

燃料电池的用途也不仅仅限于发电，它同时可以作为一般家庭用电源、电动汽车的动力源、携带用电源等。在宇航工业、海洋开发和电气货车、通信电源、计算机电源等方面得到实际应用，燃料电池推进船也正在开发研制之中。国外还准备将它用作战地发电机，并作为无声电动坦克和卫星上的电源。

（五）飞轮储能技术

飞轮储能装置由高速飞轮和同轴的电动/发电机构成，飞轮常采用轻质高强度纤维复合材料制造，并用磁力轴承悬浮在真空罐内。飞轮储能原理是：储存能量时，通过高速电动机带动飞轮旋转，将电能转换成动能；释放能量时，再通过飞轮带动发电机发电，转换为电能输出。这样一来，飞轮的转速与接受能量的设备转速无关。

近年来，飞轮储能系统得到快速发展，一是采用高强度碳素纤维和玻璃纤维飞轮转子，使得飞轮允许线速度可达 500~1000m/s，大大增加了单位质量的动能储量；二是电力电子技术的新进展，给飞轮电机与系统的能量交换提供了强大的支持；三是电磁悬浮、超导磁悬浮技术的发展，配合真空技术，极大地降低了机械摩擦与风力损耗，提高了效率。

飞轮储能的应用之一是电力调峰。电力调峰是电力系统必须充分考虑的重要问题。飞轮储能能量输入、输出快捷，可就近分散放置，不污染、不影响环境，因此，国际上很多研究机构都在研究采用飞轮实现电力调峰。飞轮储能还可用于大型航天器、轨道机车、城市公交车与卡车、民用飞机、电动轿车等。作为不间断供电系统，储能飞轮在太阳能发电、风力发电、潮汐发电、地热发电以及电信系统不间断电源中等有良好的应用前景。

第二节 电气工程的理论基础

一、安培力

安培力是通电导线在磁场中受到的作用力。由法国物理学家安培首次通过实验确定。大量自由电子的定向运动形成导线中的电流，带电粒子在磁场中运动会受到力的作用，即洛伦兹力，在洛伦兹力的作用下，导体中定向运动的自由电子和金属导体晶格上的正离子不断碰撞，将动量传给导体，使整个导体在磁场中受到磁力作用，即安培力。这里主要介绍由洛伦兹力推导安培力公式。

带电粒子在磁场中所受的洛伦兹力：
$$f = qvB$$

洛伦兹力大小也可写成标量形式：
$$f = qvB\sin\theta$$

其中，B 为磁场强度，q 为电荷量，v 为带电物体的速度，θ 为带电粒子运动方向与磁场方向的夹角。

对一根载流导线，取电流元 Idl，设导线上电子数密度为 n，电流元截面积为 S，则电流元中的电子数为 $nSdl$，电流大小 $I = qnvS$，则电流元所受磁场力大小为

$$dF = (nSdl) \cdot f = (nSdl) \cdot qvB\sin\theta = Idl \cdot B\sin\theta = Idl \cdot B\sin\varphi$$

式中，φ 为导线中的电流 I 方向与 B 方向之间的夹角，F、$\mathrm{d}l$、I 及 B 的单位分别为 N、m、A 及 T。所以电流元所受磁场力 $\mathrm{d}F = I\mathrm{d}l \times B$，有限长载流导线所受安培力

$$F = \int_L \mathrm{d}F = \int_L \mathrm{d}l \times B$$

综上，把一段通电直导线放在磁场里，当导线方向与磁场方向垂直时，电流所受的安培力最大，$F = BIl$；当导线方向与磁场方向一致时，电流不受安培力；当导线方向与磁场方向斜交时，电流所受的安培力介于最大值和零之间。当电流与磁场方向夹角为 α 时

$$F = BIl\sin\alpha$$

安培力的方向垂直于由通电导线和磁场方向所确定的平面，且 I、B 与 F 三者的方向由左手定则判定。左手定则为：伸开左手，使拇指与其他四指垂直且在一个平面内，让磁感线从手心穿入，四指指向电流方向，大拇指指向的就是安培力方向。

二、电磁感应定律

电磁感应定律也叫法拉第电磁感应定律，电磁感应现象是指因磁通量变化产生感应电动势的现象，例如闭合电路的一部分导体在磁场里作切割磁感线的运动时，导体中就会产生电流，产生的电流称为感应电流，产生的电动势称为感应电动势。1820 年，奥斯特发现电流磁效应后，有许多物理学家便试图寻找它的逆效应，提出了磁能否产生电，磁能否对电作用的问题。法拉第电磁感应定律最初是一条基于观察的实验定律，是基于法拉第所做的实验。1831 年 8 月，法拉第在软铁环两侧分别绕两个线圈：其一为闭合回路，在导线下端附近平行放置一磁针；另一与电池组相连，接开关，形成有电源的闭合回路。实验发现，合上开关，磁针偏转；切断开关，磁针反向偏转，这表明在无电池组的线圈中出现了感应电流。法拉第立即意识到，这是一种非恒定的暂态效应。紧接着他做了几十个实验，把产生感应电流的情形概括为 5 类：变化的电流、变化的磁场、运动的恒定电流、运动的磁铁、在磁场中运动的导体，并把这些现象正式定名为电磁感应。进而，法拉第发现，在相同条件下不同金属导体回路中产生的感应电流与导体的导电能力成正比。他由此认识到，感应电流是由与导体性质无关的感应电动势产生的，即使没有回路没有感应电流，感应电动势依然存在。

俄国物理学家楞次总结出一条判断感应电流方向的规律，称为楞次定律。楞次定律可概括表述为：感应电流的磁场总是要阻碍引起感应电流的磁通量的

变化。1845年，德国物理学家纽曼对法拉第的工作做出表述，并写出了电磁感应定律的定量表达式，称为法拉第电磁感应定律，表述为：当穿过回路所包围的面积的磁通量发生变化时，回路中产生的感应电动势 ε 与穿过回路的磁通量对时间的变化率的负值成正比，其数学形式为

$$\varepsilon = -\frac{d\Phi}{dt}$$

根据法拉第电磁感应定律，只要穿过导体回路的磁通量发生变化，在回路中就会产生感应电动势和感应电流，可以把磁通量的变化归结为两种不同的原因：一是磁场保持不变，由于导体回路或导体在磁场中运动而引起的磁通量的变化，这时产生的感应电动势称为动生电动势；二是导体回路在磁场中无运动，由于磁场的变化而引起的磁通量变化，这时产生的感应电动势称为感生电动势。

三、电磁定律的基本定则

（一）左手定则

左手定则是判断通电导线处于磁场中时，所受安培力 F 的方向、磁感应强度 B 的方向以及通电导体棒的电流 I 三者方向之间的关系的定律。左手定则是英国电机工程师弗莱明提出的。1885年，弗莱明担任英国伦敦大学电机工程学教授，由于学生经常弄错磁场、电流和受力的方向，于是，他想用一个简单的方法帮助学生记忆，"左手定则"由此诞生了。将左手的食指、中指和拇指伸直，使其在空间内相互垂直。食指方向代表磁场的方向，中指代表电流的方向，那拇指所指的方向就是受力的方向。使用时可以记住，中指、食指、拇指分别指代电、磁、力。无论哪种判断方式，结果是一样的。左手定则可以用来判断安培力和洛伦兹力的方向。

（二）右手定则

伸开右手，使拇指与其余四个手指垂直，并且都与手掌在同一平面内，让磁感线从手心进入，并使拇指指向导线运动方向，这时四指所指的方向就是动生电动势或感应电流的方向。这就是判定导线切割磁感线时感应电流方向的右手定则。右手定则判断线圈电流和其产生磁感线方向关系以及判断导体切割磁感线电流方向和导体运动方向关系。右手定则也可以视为楞次定律的一种特殊情况。

（三）安培定则

安培定则，也叫右手螺旋定则，是表示电流和电流激发磁场的磁感线方向间关系的定则。通电直导线中的安培定则（安培定则一）：用右手握住通电直

导线，让大拇指指向电流的方向，那么四指指向就是磁感线的环绕方向。通电螺线管中的安培定则（安培定则二）：用右手握住通电螺线管，让四指指向电流的方向，那么大拇指所指的那一端是通电螺线管的 N 极。

直线电流的安培定则对一小段直线电流也适用。环形电流可看成多段小直线电流组成，对每一小段直线电流用直线电流的安培定则判定出环形电流中心轴线上磁感强度的方向。叠加起来就得到环形电流中心轴线上磁感线的方向。直线电流的安培定则是基本的，环形电流的安培定则可由直线电流的安培定则导出，直线电流的安培定则对电荷作直线运动产生的磁场也适用，这时电流方向与正电荷运动方向相同，与负电荷运动方向相反。

四、基尔霍夫定律

基尔霍夫定律是求解复杂电路的电学基本定律。从 19 世纪 40 年代起，由于电气技术发展得十分迅速，电路变得愈来愈复杂。某些电路呈现出网络形状，并且网络中还存在一些由 3 条或 3 条以上支路形成的交点。这种复杂电路不是串、并联电路的公式所能解决的，刚从德国哥尼斯堡大学毕业、年仅 21 岁的基尔霍夫在他的第一篇论文中提出了适用于这种网络状电路计算的两个定律，即著名的基尔霍夫定律。这两个定律能够迅速地求解任何复杂电路，从而成功地解决了这个阻碍电气技术发展的难题。基尔霍夫定律建立在电荷守恒定律、欧姆定律及电压环路定理的基础之上，在稳恒电流条件下严格成立。当基尔霍夫第一、第二方程组联合使用时，可正确迅速地计算出电路中各支路的电流值。由于似稳电流（包括低频交流电）具有的电磁波长远大于电路的尺度，所以它在电路中每一瞬间的电流与电压均能在足够好的程度上满足基尔霍夫定律。

五、电路元件

在电路中，当电流流过导体时，会产生电磁场，电磁场磁通量 φ 的大小除以电流 I 的大小就是电感。电感的定义是

$$L = \frac{\varphi}{I}$$

电磁场的大小用磁通量表示，单位是韦伯（Wb）。电感是衡量线圈产生电磁感应能力的物理量。给一个线圈通入电流，线圈周围就会产生磁场，线圈就有磁通量通过。实验证明，通过线圈的磁通量和通入的电流是成正比的，它们的比值叫作自感系数，也叫作电感。如果通过线圈的磁通量用 φ 表示，电流用 I 表示，电感用 L 表示，那么上式就是电感的计算公式。电感的单位是亨

(H)。

电容是表征容纳电荷本领的物理量。电容定义为电流除以电压对时间的导数。电容的符号是 C。我们把电容器的两极板间的电势差增加 1V 所需的电量,叫作电容器的电容:

$$C = \frac{Q}{U}$$

电容的单位是法拉,简称法,符号是 F。常用的电容单位有毫法(mF)、微法(μF)、纳法(nF)和皮法(pF)等。

电阻定义为导体对电流的阻碍作用。电阻都有一定的阻值,它代表这个电阻对电流流动阻挡力的大小:

$$R = \frac{U}{I}$$

电阻的单位是欧姆(Ω)。当在一个电阻器的两端加上 1V 的电压时,如果在这个电阻器中有 1A 的电流通过,则这个电阻器的阻值为 1Ω。除了 Ω 外,电阻的单位还有 kΩ、MΩ 等。

六、安培环路定理

在真空环境下的稳恒磁场中,磁感应强度 B 沿任何闭合路径的线积分,等于这闭合路径所包围的各个电流的代数和乘以磁导率。这个结论称为安培环路定理。它反映了稳恒磁场的磁感应线和载流导线相互套连的性质:

$$B \oint L \mathrm{d}l = \mu_0 \sum_{i=1}^{n} I_i$$

按照安培环路定理,环路所包围电流之正负应服从右手螺旋法则。现分析以导线某一点为圆心的圆周上,B 矢量沿此闭合路径的环流为

$$\oint B \mathrm{d}l = B \cdot 2\pi r = \mu_0 \sum I$$

其中,μ_0 为真空磁导率,r 为圆周的半径。

第二章　电力电子技术

第一节　功率半导体器件

一、本征半导体

物质按导电性能可分为导体、绝缘体和半导体。物质的导电性能取决于原子结构。导体一般为低价元素，绝缘体一般为高价元素和高分子物质，半导体一般为 4 价元素的物质，其导电性能介于导体和绝缘体之间，所以称为半导体。

本征半导体：纯净的晶体结构的半导体称为本征半导体。常用的半导体材料是硅和锗，它们都是 4 价元素，在原子结构中最外层轨道上有 4 个价电子。在晶体中，每个原子都和周围的 4 个原子用共价键的形式互相紧密地联系起来。共价键中的价电子由于热运动而获得一定的能量，其中少数能够摆脱共价键的束缚而成为自由电子，同时必然在共价键中留下空位，称为空穴，这种由于热运动而激发自由电荷的过程称为本征激发。空穴带正电，电子带负电。如图 2—1 所示。

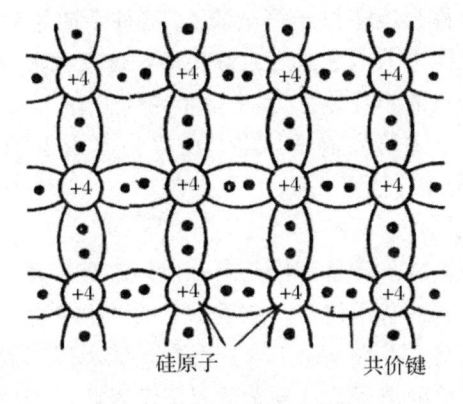

图 2—1　硅和锗原子结构图

半导体的导电性：在外电场作用下，半导体中的自由电子产生定向移动，形成电子电流；另一方面，自由电子也按一定方向依次填补空穴，即空穴产生了定向移动，形成所谓的空穴电流。由此可见，半导体中存在着两种载流子：带负电的自由电子和带正电的空穴。本征激发中自由电子与空穴是同时成对产生的，因此，它们的浓度是相等的。价电子在热运动中获得能量摆脱共价键的束缚，产生电子－空穴对。同时自由电子在运动过程中失去能量，与空穴相遇，使电子－空穴对消失，这种现象称为复合。在一定的温度下，载流子的产生与复合过程是相对平衡的，即载流的浓度是一定的。本征半导体中的载流子浓度，除了与半导体材料本身的性质有关以外，还与温度有关，而且随着温度的升高，基本上按指数规律增加。所以半导体载流子的浓度对温度十分敏感。半导体的导电性能与载流子的浓度有关，但因本征载流子在常温下的浓度很低，所以它们的导电能力很差。

二、杂质半导体

在本征半导体中虽然存在两种载流子，但因本征载流子的浓度很低，所以它们的导电能力很差。当我们人为地、有控制地掺入少量的特定杂质时，其导电性将产生质的变化。掺入杂质的半导体称为杂质半导体。

（一）N型半导体

在本征半导体中掺入微量5价元素，如磷、锑、砷等，原来晶格中的某些硅（锗）原子会被杂质原子代替。由于杂质原子的最外层有5个价电子，因此它与周围4个硅（锗）原子组成共价键时，还多余1个价电子。它不受共价键的束缚，而只受自身原子核的束缚，因此，它只要得到较少的能量就能成为自由电子，并留下带正电的杂质离子，杂质离子不能参与导电。由于杂质原子可以提供自由电子，故称为施主原子（杂质），这种杂质半导体中的电子浓度比同一温度下本征半导体中的电子浓度大好多倍，这就大大加强了半导体的导电能力，我们把这种掺杂的半导体称为N型半导体。在N型半导体中电子浓度远远大于空穴的浓度，主要靠电子导电，所以称自由电子为多数载流子（多子）；空穴为少数载流子（少子）。

（二）P型半导体

在本征半导体中，掺入微量3价元素，如硼、铝、镓、铟等，则原来晶格中的某些硅（锗）原子被杂质代替。杂质原子的3个价电子与周围的硅原子形成共价键时，会出现空穴，在室温下，这些空穴能吸引邻近的电子来填充，使杂质原子变成带负电荷的离子。这种杂质因能够吸收电子被称为受主原子（杂质），我们称这种掺杂的半导体为P型半导体。P型半导体中空穴是多数载流子，而自由电子是少数载流子。

（三）杂质半导体的导电性能

在杂质半导体中，多子是由杂质原子提供的，而本征激发产生的少子浓度则因与多子复合机会增多而大为减少。杂质半导体中多子越多，则少子越少。微量的掺杂可以使半导体的导电能力大大加强。

另外，杂质半导体中少子虽然浓度很低，但它却对温度非常敏感，会影响半导体器件的性能。至于多子，因其浓度基本上等于杂质原子的浓度，所以受温度影响不大。

三、PN 结

在一块本征半导体上，用工艺使其一边形成 N 型半导体，另一边形成 P 型半导体，则在两种半导体的交界处形成了 PN 结。PN 结是构成半导体器件的基础。

PN 结的形成如图 2－2 所示

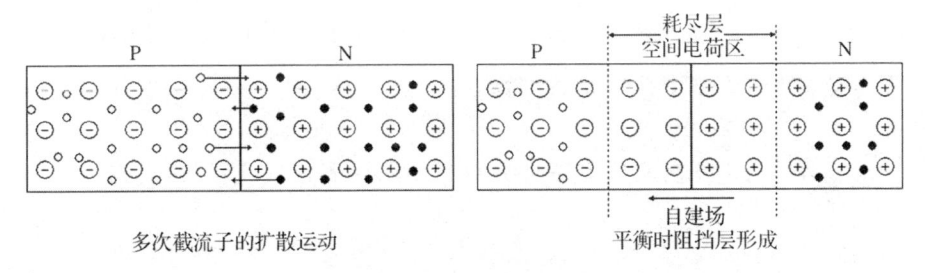

图 2－2　PN 结的形成

（一）PN 结的单向导电特性

1. PN 结外加正向电压

若将电源的正极接 P 区，负极接 N 区，则称此为正向接法或正向偏置。此时外加电压在阻挡层内形成的电场与自建电场方向相反，削弱了自建电场，使阻挡层变窄，此时扩散作用大于漂移作用，在电源的作用下，多数载流子向对方区域扩散形成电流，其方向由电源正极通过 P 区、N 区到达电源负极。

由于正向电流很大，此时，PN 结处于导通状态，它所呈现出的电阻为正向电阻，其阻值很小，正向电压愈大，正向电流就愈大。其电压和电流呈指数关系。

2. PN 结外加反向电压

若将电源的正极接 N 区，负极接 P 区，则称此为反向接法或反向偏置。此时外加电压在阻挡层内形成的电场与自建电场方向相同，增强了自建电场，使阻挡层变宽。此时漂移作用大于扩散作用,少数载流子在电场作用下作漂移运动,由于电流方向与加正向电压时相反,故称为反向电流。由于反向电流是由少数载流子所形成的,故反向电流很小,而且当外加电压超过零点几伏时,少数载流子基本全被电场拉过去形成漂移电流,此时反向电压再增加,载流子数也不会增加,因此反向电流也不会增加,故称为反向饱和电流,即 $I_\mathrm{D} = -I_\mathrm{S}$。

由于反向电流很小,此时,PN 结处于截止状态,呈现出的电阻称为反向电阻,其阻值很大,高达几百千欧以上。

可见,PN 结加正向电压,处于导通状态;加反向电压,处于截止状态,即 PN 结具有单向导电特性。

PN 结的电压与电流的关系为

$$I_\mathrm{D} = I_\mathrm{S}\ e^{\frac{U}{U_\mathrm{T}}} - 1$$

I_D ——通过 PN 结的电流。

U ——PN 结两端的电压。

$U_\mathrm{T} = \dfrac{kT}{q}$ ——称为温度电压当量,K 为玻耳兹曼常数;T 为绝对温度;q 为电子电量,在室温下即 $T = 300\mathrm{K}$ 时,$U_\mathrm{T} = 26\mathrm{mV}$;

I_S ——反向饱和电流。

此方程称为 PN 结的伏安特性方程,用曲线表示此方程,称为伏安特性曲线。

(二)PN 结的击穿

PN 结处于反向偏置时,在一定电压范围内,流过 PN 结的电流是很小的反向饱和电流。但是当反向电压超过某一数值(UB)后,反向电流急剧增加,这种现象称为反向击穿,UB 称为击穿电压。PN 结的击穿分为雪崩击穿和齐纳击穿。

1. 雪崩击穿

当反向电压足够高时,阻挡层内电场很强,少数载流子在结区内受强烈电场的加速作用,获得很大的能量,在运动中与其他原子发生碰撞时,有可能将价电子打出共价键,形成新的电子—空穴对。这些新的载流子与原先的载流子一起,在强电场作用下碰撞其他原子打出更多的电子—空穴对,如此链锁反应,使反向电流迅速增大,这种击穿称为雪崩击穿。

2. 齐纳击穿

所谓齐纳击穿,是指当 PN 结两边掺入高浓度杂质时,其阻挡层宽度很小,即使外加不太高的反向电压(一般为几伏),在 PN 结内部就可形成很强的电场（可达到 2×10^6 V/cm），将共价键的价电子直接拉出来，产生电子-空穴对，使反向电流急剧增加，出现击穿（齐纳击穿）现象。

对于硅材料的 PN 结，击穿电压 UB 大于 7V 时通常是雪崩击穿，UB 小于 4V 时通常是齐纳击穿；UB 在 4～7V 时两种击穿均有。由于击穿破坏了 PN 结的单向导电性，因此在一般使用时应避免出现击穿现象。

需要指出的是，发生击穿并不意味着 PN 结被损坏。当 PN 结反向击穿时，只要注意控制反向电流的数值（一般通过串接电阻 R 实现），不使其过大，以免因过热而烧坏 PN 结，当反向电压降低时，PN 结的性能就可以恢复正常。但是发生雪崩击穿后，一般 PN 结就会损坏。稳压二极管正是利用了 PN 结的反向击穿特性来实现的，当流过 PN 结的电流发生变化时，击穿电压 UB 保持基本不变。

（三）PN 结的电容效应

1. 势垒电容 C_T

势垒电容是由阻挡层内空间电荷引起的。空间电荷区是由不能移动的正负杂质离子所形成的，均具有一定的电荷量，所以在 PN 结储存了一定的电荷。当外加电压使阻挡层变宽时，电荷量增加，反之，外加电压使阻挡层变窄时，电荷量减少。在阻挡层中的电荷量随外加电压变化而改变，形成了电容效应，称为势垒电容，用 C_T 表示。势垒电容 C_T 不是一个常数，随电压变化而变化。

2. 扩散电容 C_D

多子在扩散过程中越过 PN 结成为另一方的少子，这种少子的积累也会形成电容效应。外加电压改变时，引起扩散区内积累的电荷量变化就形成了电容效应，其所对应的电容称为扩散电容，用 C_D 表示。扩散电容正比于正向电流。

PN 结的电容包括两部分：

$$C_j = C_T + C_D$$

一般来说，PN 结正偏时，扩散电容起主要作用，$C_j \approx C_D$；当 PN 结反偏时，势垒电容起主要作用，$C_j \approx C_T$。

（四）半导体二极管

半导体二极管由 PN 结加上引线和管壳构成。

1. 二极管的种类

按材料分：硅二极管和锗二极管

按结构分：点接触二极管［如图 2—3（a）所示］和面接触二极管［如图 2—3（b）所示］。

点接触二极管的特点是结面积小，因而结电容小，适用于在高频小电流下工作，主要应用于小电流的整流和检波、混频等。

面接触二极管的特点是结面积大，因而能通过较大的电流，但结电容也大，只能工作在较低频率下，可用于整流。

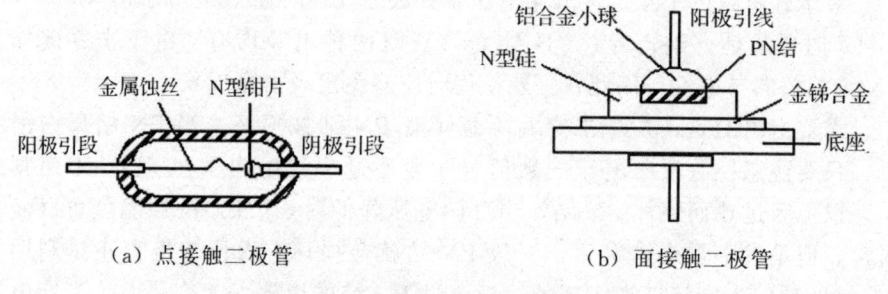

（a）点接触二极管　　　　（b）面接触二极管

图 2－3　点接触二极管和面接触二极管

二极管的符号如图 2－4 所示。

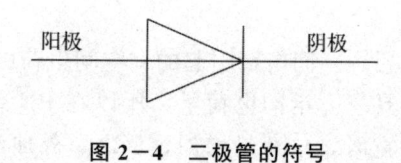

图 2－4　二极管的符号

2. 二极管的特性

二极管本质就是一个 PN 结，但是对于真实的二极管器件，考虑到引线电阻和半导体的体电阻及表面漏电等因素，二极管的特性与 PN 结略有差别。二极管的伏安特性如图 2－5 所示。

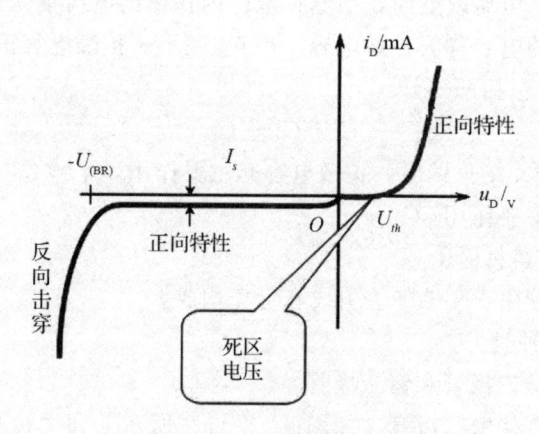

图 2－5　二极管伏安特性

（1）正向特性

正向电压低于某一数值 U_{th} 时，正向电流很小，只有当正向电压高于某一

· 28 ·

值U_{th}后，才有明显的正向电流。图2-5中U_{th}称为死区电压，硅管约为0.5V，锗管约为0.1V，导通后电压用U_{on}表示。在室温下，硅管的U_{on}为0.6~0.8V，锗管的U_{on}为0.1~0.3V。通常认为，当正向电压$U<U_{on}$时，二极管截止；$U>U_{on}$时，二极管导通。

(2) 反向特性

二极管加反向电压，反向电流数值很小，且基本不变，称为反向饱和电流。硅管的反向饱和电流为纳安（nA）数量级，锗管为微安数量级。当反电压加到一定值U_{BR}时，反向电流急剧增加，产生击穿。U_{BR}称为反向击穿电压，普通二极管的反向击穿电压一般在几十伏以上（高反压管可达几千伏）。

(3) 温度特性

二极管的特性对温度很敏感，温度升高，正向特性曲线向左移，反向特性曲线向下移。其规律是：在室温附近，在同一电流下，温度每升高1℃，正向电压减小2~2.5 mV；温度每升高10℃，反向电流增大约1倍。

功率半导体还有其他种类器件，篇幅所限，这里不过多介绍。

第二节　电力变换技术

一、换流概念和变流器的分类

(一) 换流概念

在电工技术中的换流是指电流从一条支路过渡到另一条支路的过程，在换流期间两条支路将短时同时通过电流。通常，换流可以通过机械开关或电子开关来实现。换流这个概念在学习直流电机时我们已有所了解，直流电机电枢绕组中的电流就是通过换向器、电刷从一条绕组支路换接到另一条绕组支路的。换向器作为一个进行旋转的周期性动作的机械开关，在电机作发电机运行时起整流器的作用；在电机作电动机运行时，起着逆变器的作用。在这种最简单的换流形式中，换流过程中的电流随电刷和换向片间的电阻变化而变化。

(二) 变流器的功能和分类

众所周知，变流器的基本功能如下。

(1) 整流：将交流电转换成直流电。

(2) 逆变：将直流电变成一定频率和大小的交流电。

(3) 直流电变换（直流斩波调压）：可将某固定大小的直流电变成大小任意可调的另一直流电。

(4)交流电变换：将大小和频率固定的某交流电变成大小和频率可变的交流电。

上述这四种基本功能都反映了变流器外部的工作方式。此外，变流器还可以按它的内部工作方式来分类。所谓的内部工作方式是指换流的方式和变流器支路工作节拍频率的来源。按此分类方式又可将变流器分成三大类型：①不出现换流过程的变流器；②具有自然换流的变流器，其换流电压来自交流电网或负载；③具有强迫换流的变流器，其换流电压来自于辅助支路。

无换流过程的变流器有交流半导体开关、交流相控调压、单相可控整流等功能。具有自然换流的变流器按其换流电压来源又分成电网换流变流器和负载换流变流器，可以实现三相可控整流、有源逆变和交一交变频等功能。上述两大类变流器由于元件上接受的是交流电压，元件电流又有自然过零的特点，故开关元件大都应用晶闸管。具有强迫换流的变流器主要用于直流斩波调压、无源逆变等，其元件承受的是直流电压，故大多采用有自关断能力的半导体开关器件。

二、晶闸管基础原理

（一）晶闸管的结构与工作原理

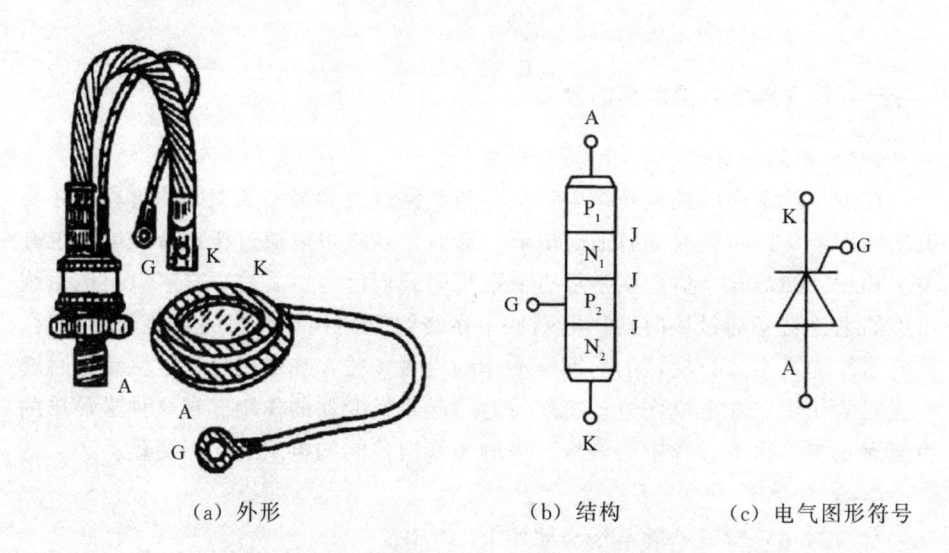

(a) 外形　　　　　　(b) 结构　　　　　　(c) 电气图形符号

图2－6　晶闸管的外形、结构和电气图形符号

图2－6所示为晶闸管的外形、结构和电气图形符号。从外形上来看，晶闸管也主要有螺栓型、平板型、塑封和陶瓷封装等多种封装形式，均引出阳极A（Anode）、阴极K（Kathode）和门极（控制极）G（Gate）三个连接端。

对于螺栓型封装,通常螺栓是其阳极,做成螺栓状是为了能与散热器紧密连接且安装方便;另一侧较粗的端子为阴极,细的为门极。平板型封装的晶闸管可由两个散热器将其夹在中间,两个平面分别是阳极和阴极,引出的细长端子为门极:

晶闸管内部是 PNPN 四层半导体结构,分别命名为 P_1,N_1,P_2,N_2 四个区。P_1 区引出阳极 A,N_2 区引出阴极 K,P_2 区引出门极 G。四个区形成 J_1,J_2,J_3 三个 PN 结。

如果外加正向电压(阳极高于阴极)作用到器件上,则 J_2 处于反向偏置状态,器件 A 和 K 两端之间处于阻断状态,只能流过很小的漏电流;如果外加反向电压作用到器件上,则 J_1 和 J_3 处于反向偏置状态,该器件也处于阻断状态,仅有极小的反向漏电流通过。

晶闸管导通的工作原理可以用双晶体管等效模型来解释,如图 2-7 所示。如果在器件上取一倾斜的截面,则晶闸管可以看作由 $P_1N_1P_2$ 和 $N_1P_2N_2$ 构成的两个晶体管 V_1 和 V_2 组合而成。等效晶体管 V_1 实际上为 V_2 构成了正反馈电路。在 A-K 间施加正向阳极电压的情况下,如果外电路向门极注入电流 I_G,也就是注入驱动电流,则会引发如下正反馈过程:

$$I_G \uparrow \rightarrow I_{B2} \uparrow \rightarrow I_{C2} \uparrow (I_{B1} \uparrow) \rightarrow I_{C1} \uparrow$$
$$I_{B2} \uparrow \uparrow \leftarrow$$

I_G 流入晶体管 V_2 的基极,即产生集电极电流 I_{C2},它构成晶体管 V_1 的基极电流,放大成集电极电流 I_{C1},又进一步增大 V_2 的基极电流,如此形成强烈的正反馈,最后 V_1 和 V_2 进入完全饱和状态,即晶闸管导通。两只晶体管相互维持饱和导通,彼此提供足够大的基极电流。由于 V_1 和 V_2 处于完全饱和状态,A-K 之间的导通压降比两个 PN 结压降要小,约为 1V。此时如果撤掉外电路注入门极的电流 I_G,则晶闸管由于内部已形成了强烈的正反馈,并且 I_{G1} 反馈电流比 I_G 大得多,可以自维持导通状态。

可见,晶闸管的导通只需要对门极施加短时间的驱动电流作用,所以对晶闸管的驱动过程更多的是称为触发。产生注入门极的触发电流 I_G 的电路称为门极触发电路。而若要使晶闸管关断,必须设法使流过晶闸管的电流降低到接近于零的某一数值以下,比如去掉阳极所加的正向电压(外加电压为零),或者给阳极施加反向电压,或者使阳极电流所在回路断开。也正是由于通过其门极只能控制其开通,不能控制其关断,晶闸管才被称为半控型器件。

(a) 双晶体管模型　　　　　　(b) 工作原理

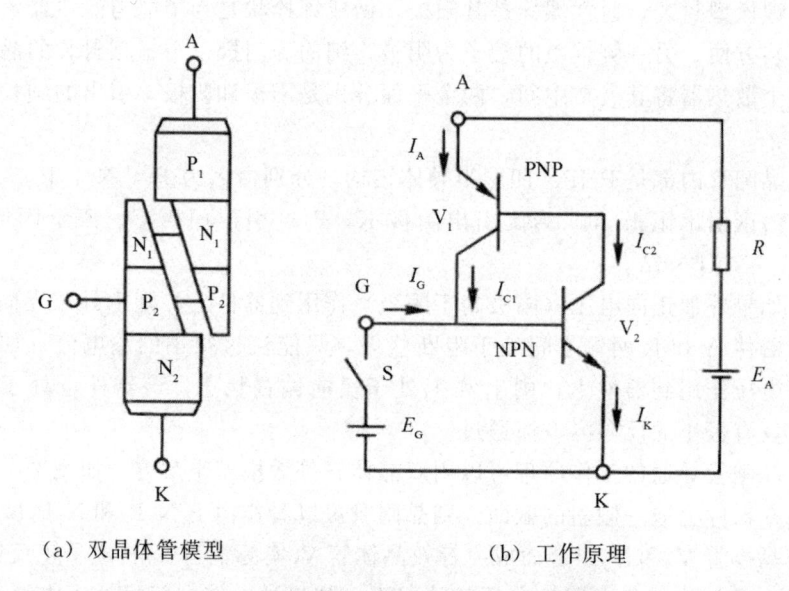

图 2-7　晶闸管的双晶体管模型及其工作原理

晶闸管的触发导通方式分为以下几种情况：①门极触发，如上所述；②阳极电压升高至相当高的数值，造成雪崩效应，使 J_2 结少子形成的漏电流倍增，在正反馈作用下导致晶闸管导通；③阳极电压上升率 du/dt 过大，在中间结电容 C 中产生位移电流 Cdu/dt，将导致等效三极管的发射极电流增大，引发正反馈使晶闸管导通；④结温较高使漏电流变大；⑤光触发，即光直接照射硅片，载流子获得能量，在电场作用下产生触发作用。这五种情况只有门极触发和光触发具有实用价值。门极触发是最精确、迅速而可靠的控制手段；光触发已有专门的光控晶闸管（Light Triggered Thyristor，LTT），它可以保证控制电路与主电路之间的良好绝缘（隔离），在高压电力设备中有不少应用。升高阳极电压使 SCR 开通，不但会损坏器件（有局部过热和过压击穿的危险），而且也不便控制。du/dt 更难以控制，过大的电压变化率会使器件损坏，而且往往要采取保护措施来限制其 du/dt。升温方式亦同样不可取。

（二）晶闸管的基本特性

1. 静态特性

晶闸管的伏安特性如图 2-8 所示。位于第 I 象限的是正向特性，位于第 III 象限的是反向特性。

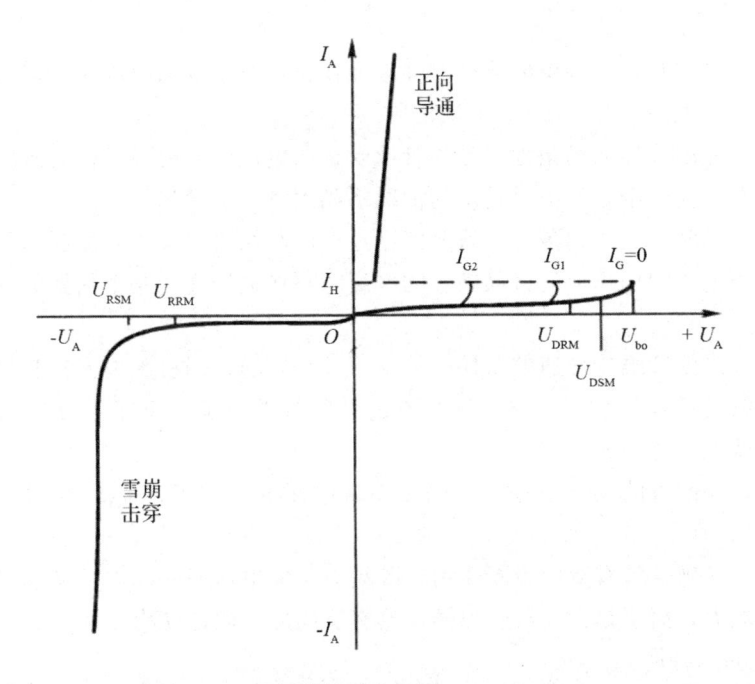

图 2-8　晶闸管的伏安特性 $I_{G2} > I_{G1} > I_G$

正向特性：当 $I_G=0$ 时，如果在器件两端施加正向电压，则晶闸管处于正向阻断状态，只有很小的正向漏电流流过。如果正向电压超过临界极限即正向转折电压 U_{bo}，则漏电流急剧增大，器件开通（由高阻区经虚线负阻区到低阻区）。随着门极电流幅值的增大，正向转折电压降低。导通后的晶闸管特性和二极管的正向特性相仿。即使通过较大的阳极电流，晶闸管本身的压降也很小，在 1V 左右。导通期间，如果门极电流为零，并且阳极电流降至接近于零的某一数值 I_H 以下，则晶闸管又回到正向阻断状态。I_H 称为维持电流。

反向特性：当在晶闸管上施加反向电压时，其伏安特性类似二极管的反向特性。晶闸管处于反向阻断状态时，只有极小的反向漏电流通过。当反向电压超过一定限度到反向击穿电压后，如果外电路无限制措施，则反向漏电流急剧增大，导致晶闸管发热损坏。

门极伏安特性：晶闸管的门极触发电流是从门极流入晶闸管，从阴极流出的。阴极是晶闸管主电路与控制电路的公共端。门极触发电流往往也是通过触发电路在门极和阴极之间施加触发电压而产生的。

根据前面介绍的工作原理和静态伏安特性，可以简单地归纳晶闸管正常工作时的特性如下：

（1）当晶闸管承受反向电压时，不论门极有无触发电流，晶闸管都不会导通。

（2）晶闸管是一种单向导电器件，即在正常触发导通时电流只能从阳极流向阴极。

（3）晶闸管导通的条件：晶闸管承受正向电压，同时在门极有触发电流作用。只有在这两个条件同时具备的情况下晶闸管才能导通。

（4）晶闸管关断的条件：若要使已导通的晶闸管关断，只能利用外加反偏电压或外电路的作用使流过晶闸管的电流降到接近于零的某个临界值（即维持电流 I_H）以下。

（5）晶闸管维持导通的条件：晶闸管一旦导通，门极就失去控制作用，不论门极触发信号是否还存在，只要流过晶闸管的电流不低于其维持电流 I_H，晶闸管就能维持导通。

（6）晶闸管的误导通条件：阳极正偏电压 u_{AK} 过高；du_{AK}/dt 过大；结温过高。

（7）晶闸管具有双向阻断作用，既具有正向电压阻断能力，又具有反向电压阻断能力，而不是像二极管那样仅具有反向电压阻断能力。

2. 动态特性

（1）开通过程。由于晶闸管内部的正反馈过程需要时间，再加上外电路电感的限制，晶闸管受到触发后，其阳极电流的增长不可能瞬时完成。普通晶闸管的延迟时间为 $0.5\sim1.5\mu s$，上升时间为 $0.5\sim3\mu s$。晶闸管的延迟时间随门极电流的增大而减小。上升时间除反映晶闸管本身特性外，还影响受外电路电感的严重。

（2）关断过程。由于外电路电感的存在，当外加电压突然由正向变为反向时，原处于导通状态的晶闸管的阳极电流在衰减时必然也是有过渡过程的。阳极电流将逐步衰减到零，然后与电力二极管的关断动态过程类似，在反方向会流过反向恢复电流，经过最大值后再反方向衰减。同样，在恢复电流快速衰减时，由于外电路电感的作用，会在晶闸管两端引起反向的峰值电压。最终反向恢复电流衰减至接近于零，晶闸管恢复其对反向电压的阻断能力。从正向电流降为零到反向恢复电流衰减至接近于零的时间就是晶闸管的反向阻断恢复时间。对于该过程的物理解释如下：

由半导体 PN 结的 P 区和 N 区在正向偏置时扩散形成的少子浓度指数衰减分布曲线可知，中间电荷区很窄，这些少子如 P 区中的电子是由 N 区多子扩散而注入的非平衡载流子，扩散过程中由于复合而使浓度逐渐减小，这样就在扩散长度（相当于指数衰减的时间常数）范围内存储一定数量的带电粒子。正向电流越大，带电粒子存储的数目就越多。正向导通时非平衡少子的积累现象称为电荷存储效应。

（3）动态损耗。晶闸管的阳极电流与阳极电压相乘即得瞬态损耗曲线。通常在开通与关断过程中对应的开通损耗和关断损耗瞬时值较大，但作用时间较短，低频工作时并非主要发热因素，但在高频运行时必须予以考虑。

三、晶闸管的相控触发电路

晶闸管可控整流电路通过控制触发角 α 的大小，即控制触发脉冲起始相位来控制输出电压大小，属于相控电路。此外，后面将要阐述的交流电力变换电路以及交一交变频电路在采用晶闸管相控方式时，也属于相控电路。

为保证相控电路的正常工作，很重要的一点是应保证按触发角 α 的大小在正确的时刻向电路中的晶闸管施加有效的触发脉冲，这就是本节要阐述的相控电路的驱动控制。对于相控电路这样使用晶闸管的场合，也习惯称为触发控制，相应的电路习惯称为触发电路。相控触发电路的作用就是保证触发脉冲与主电路交流电源电压同步，且有足够的 α 调节范围和脉冲触发功率。

触发电路是晶闸管装置中的重要部分，正确设计与选择触发电路可以充分发挥晶闸管装置的潜力，是保证其正常运行的关键。

集成电路可靠性高、技术性能好、体积小、功耗低、调试方便。随着集成电路制作技术的提高，晶闸管触发电路的集成化已逐渐普及，现已逐步取代分立式电路。目前国内常用的有 KJ 系列和 KC 系列，两者生产厂家不同，但很相似。下面以 KJ 系列为例简要介绍三相桥式全控的集成触发器组成。

向晶闸管整流电路供电的交流侧电源通常来自电网。电网电压的频率不是固定不变的，而是会在允许范围内有一定的波动。触发电路应当保证工作频率与主电路交流电源的频率一致。触发电路的定相是指确定其同步信号，保证每只晶闸管触发脉冲与施加于主电路晶闸管的交流电压保持固定、正确的相位关系。

为保证触发电路和主电路频率一致，利用一个同步变压器，将其原边接入为主电路供电的电网，由其副边提供同步电压信号，这样由同步电压决定的触发脉冲频率与主电路晶闸管电压频率始终是一致的。接下来的问题就是所谓触发电路的定相，即选择确定触发同步电压信号。触发电路的定相由多方面的因素确定，主要包括相控电路的主电路结构、触发电路结构等。触发电路定相的关键是确定同步信号与晶闸管阳极电压的关系。

第三章　电气自动化控制技术

第一节　电气自动化控制技术的基本概念

一、电气自动化控制技术概述

电气自动化是一门研究与电气工程相关技术的科学，我国的电气自动化控制系统经历了几十年的发展，分布式控制系统相对于早期的集中式控制系统具有可靠、实时、可扩充的特点，集成化的控制系统则更多地利用了新科学技术的发展，功能更为完备。电气自动化控制系统的功能主要有：控制和操作发电机组，实现对电源系统的监控，对高压变压器、高低压厂用电源、励磁系统等进行操控。电气自动化控制技术系统可以分为三大类：定值、随动、程序控制系统，大部分电气自动化控制系统采用程序控制以及采集系统。电气自动化控制系统对信息采集有快速准确的要求，同时对设备的自动保护装置的可靠性以及抗干扰性要求很高，电气自动化具有优化供电设计、提高设备运行与利用率、促进电力资源合理利用的优点。

电气自动化控制技术是由网络通信技术、计算机技术以及电子技术高度集成，所以该项技术的技术覆盖面积相对较广，同时也对其核心技术——电子技术有着很大的依赖性，只有基于多种先进技术才能使其形成功能丰富、运行稳定的电气自动化控制系统，并将电气自动化控制系统与工业生产工艺设备结合来实现生产自动化。电气自动化控制技术在应用中具有更高的精确性，并且其具有信号传输快、反应速度快等特点，如果电气自动化控制系统在运行阶段的控制对象较少且设备配合度高，则整个工业生产工艺的自动化程度便相对较高，这也意味着该种工艺下的产品质量可以提升至一个新的水平。现阶段基于互联网技术和电子计算机技术而成的电气自动化控制系统，可以实现对工业自动化产线的远程监控，通过中心控制室来实现对每一条自动化产线运行状态的监控，并且根据工业生产要求随时对其生产参数进行调整。

电气自动化控制技术是由多种技术共同组成的，其主要以计算机技术、网络技术和电子技术为基础，并将这3种技术高度集成于一身，所以，电气自动化控制技术需要很多技术的支持，尤其是对这3种主要技术有着很强的依赖性。电气自动化技术充分结合各项技术的优势，使电气自动化控制系统具有更多功能，更好地服务于社会大众。应用多领域的科学技术研发出的电气自动化控制系统，可以和很多设备产生联系，从而控制这些设备的工作过程，在实际应用中，电气自动化控制技术反应迅速，而且控制精度强。电气自动化控制，只需要负责控制相对较少的设备与仪器时，这个生产链便具有较高的自动化程度，而且生产出的商品或者产品，质量也会有所提高。在新时期，电气自动化控制技术充分利用了计算机技术以及互联网技术的优势，还可以对整个工业生产工艺的流程进行监控，按照实际生产需要及时调整生产线数据，来满足实际的需求。

二、电气工程自动化控制技术的要点分析

（一）自动化体系的构建

自动化系统的建设对于电气工程未来的发展来说非常必要。我国电气工程自动化控制技术研发已知时间并不短，但实际使用时间不长，目前的技术水平还比较低，加之环境因素、人为因素、资金因素等多种因素的影响，使得我国的电气自动化建设更为复杂，对电气工程的影响不小。因此，需要建立一个具有中国特色的电气自动化体系，在保障排除影响因素，降低建设成本的情况下，还要提高工程的建设水准。另外，也要有先进的管理模式，以保证自动化系统的有效发展，通过有效的管理，保证在构建自动化体系的过程中，不至于存在滥竽充数的情况。

（二）数据传输接口的标准化

建立标准化的数据传输接口，以保证电气工程及其自动化系统的安全，是实现高效数据传输的必然因素。由于受到各种因素的干扰，在系统设计与控制过程中有可能出现一些漏洞，这也是电气工程自动化水平不高的另一重要原因，所以相关人员应保持积极的学习态度，学习先进的设计方案和控制技术，善于借鉴国外的设计方案，实现数据传输接口的标准化，以确保在使用过程中，程序界面可以完美对接，提高系统的开发效率，节省成本和时间。

（三）计算机技术的充分应用

当今社会已经进入网络化的时代，计算机技术的发展对各行各业都有着非常重要的影响，为人们的生活带来了极大的方便。如果在电气工程自动化控制中融入计算机技术，就可以推动电气工程向智能化方向发展，促进集成化和系统化电气工程的实现。特别是在自动控制技术中的数据分析和处理，可以起到巨大的作用，大大节省了人力，提高了工作效率，可以实现工业生产自动化，也大大提高了控制精度。

三、电气自动化控制技术基本原理

电气自动化控制技术的基础是对其控制系统设计的进一步完善，主要设计思路是集中监控方式，包括远程监控和现场总线监控两种。在电气自动化控制系统的设计中，计算机系统的核心，其主要作用是对所有信息进行动态协调，并实现相关数据储存和分析的功能。计算机系统是整个电气自动化控制系统运行的基础。在实际运行中，计算机主要完成数据输入与输出的工作，并对所有数据进行分析处理。通过计算机快速完成对大量数据的一系列处理操作从而达到控制系统的目的。

在电气自动化控制系统中，启用方式是非常多的，当电气自动化控制系统功率较小时，可以采用直接启用的方式实现系统运行，而在大功率的电气自动化控制系统中，要实现系统的启用，必须采用星型或者三角形的启用方式。除了以上两种较为常见的控制方式以外，变频调速也作为一种控制方式并在一定范围内应用，从整体上说，无论何种控制方式，其最终目的都是保障生产设备安全稳定的运行。

电气自动化系统将发电机、变压器组以及厂用电源等不同的电气系统的控制纳入ECS监控范围，形成220kV/500kV的发变组断路器出口，实现对不同设备的操作和开关控制，电气自动化系统在调控系统的同时也能对其保护程序加以控制，包括励磁变压器、发电组和厂高变。其中变组断路器出口用于控制自动化开关，除了自动控制，还支持对系统的手动操作控制。

一般集中监控方式不对控制站的防护配置提出过高要求，因此系统设计较为容易，设计方法相对简单，方便操作人员对系统的运行维护。集中监控是将系统中的各个功能集中到同一处理器，然后对其进行处理，因为内容比较多，处理速度较慢，这就使得系统主机效率降低、电缆的数量相对增加，在一定程度增加了投资成本，与此同时，长距离电缆容易引入对计算机干扰因素，这对系统安全造成了威胁，影响了整个系统的可靠性。集中监控方式不仅增加了维护量，而且有着复杂化的接线系统，这提高了操作失误的发生概率。

远程控制方式是实现需要管理人员在不同地点通过互联网联通需要被控制的计算机的要求的方式。这种监控方式不需要使用长距离电缆，降低了安装费用，节约了投资成本，然而这种方式的可靠性较差，远程控制系统的局限性使得它只能在小范围内适用，无法实现全厂电气自动化系统的整体构建。

四、加强电气自动化控制技术的建议

(一) 电气自动化控制技术与地球数字化互相结合的设想

电气自动化工程与信息技术很好结合的典型的表现方法就是地球数字化技术,这项技术中包含了自动化的创新经验,可以把大量的、高分辨率的、动态表现的、多维空间的和地球相关的数据信息融合成为一个整体,成为坐标,最终成为一个电气自动化数字地球。将整理出的各种信息全部放入计算机中,与网络互相结合,人们不管在任何地方,只要根据整理出的地球地理坐标,便可以知道地球任何地方关于电气自动化的数据信息。

(二) 现场总线技术的创新使用,可以节省大量的电气自动化成本

电气自动化工程控制系统中大量运用了现场总线与以以太网为主的计算机网络技术,经过了系统运行经验的逐渐积累,电气设备的自动智能化也飞速地发展起来,在这些条件的共同作用下,网络技术被广泛地运用到了电气自动化技术中,所以现场的总线技术也由此产生。这个系统在电气自动化工程控制系统设计过程中更加凸显其目的性,为企业最底层的设施之间提供了通信渠道,有效地将设备的顶层信息与生产的信息结合在一起。针对不一样的间隔会发挥不一样的作用,根据这个特点可以对不一样的间隔状况分别实行设计。现场总线的技术普遍运用在了企业的底层,初步实现了管理部门到自动化部门存取数据的目标,同时也符合了网络服务于工业的要求。DCS进行比较,可以节约安装资金、节省材料、提高可靠性能,同时节约了大部分的控制电缆,最终实现节约成本的目的。

(三) 加强电气自动化企业与相关专业院校之间的合作

首先,鼓励企业到电气自动化专业的学校中去设立厂区、建立车间,进行职业技能培训、技术生产等,建立具有多种功能汇集在一起的学习形式的生产试验培训基地。走入企业进行教学,积极建设校外的培训基地,将实践能力和岗位实习充分结合在一起。扩展学校与企业结合的深广程度,努力培养订单式人才。按照企业的职业能力需求,制定出学校与企业共同研究培养人才的教学方案,以及相关的理论知识的学习指导。

(四) 改革电气自动化专业的培训体系

第一,在教学专业团队的协调组织下,对市场需求中的电气自动化系统的岗位群体进行科学研究,总结这些岗位群体需要具有的理论知识和技术能力。学校组织优秀的专业的教师根据这些岗位群体反映的特点,制订与之相关的教学课程,这就是以工作岗位为基础形成的更加专业化的课程模式。

第二,将教授、学习、实践这三方面有机地结合起来,把真实的生产任务

当作对象，重点强调实践的能力，对课程学习内容进行优化处理，专业学习中至少一半的学习内容要在实训企业中进行。教师在教学过程中，利用行动组织教学，让学生更加深刻地理解将来的工作程序。

随着经济全球化的不断发展和深入，电气自动化工程控制系统在我国社会经济发展中占有越来越重要的地位。电气自动化工程控制系统信息技术的集成化，使电气自动化工程控制系统维护工作变得更加简便，同时还总结了一些电气自动化系统的缺点，并根据这些缺点提出了使用现场总线的方法，不仅节省了资金和材料，还提高了可靠性。根据电气自动化系统现状分析了其发展趋势，电气自动化工程控制系统要想长远发展下去就要不断地创新，将电气自动化系统进行统一化管理，并且要采用标准化接口，还要不断进行电气自动化系统的市场产业化分析，保证安全地进行电气自动化工程生产，保证这些条件都合格时还要注重加强电气自动化系统设备操控人员的教育和培训。此外，电气自动化专业人才的培养应该从学生时代开始，要加强校企之间的合作，使员工在校期间就能掌握良好的职业技能，只有这样的人才能为电气自动化工程所用，才能利用所学的知识更好地促进电气自动化行业的发展壮大，为社会主义市场经济的建设添砖加瓦。

五、电气自动化控制技术的发展特点

（一）电气自动化信息集成技术应用

信息集成技术应用于电气自动化技术主要是在两个方面：第一个方面是，信息集成技术应用在电气自动化的管理之中。如今，电气自动化技术不只是在企业的生产的过程得到应用，在进行企业生产管理的时候也会应用到。采用信息集成技术进行企业管理，管理生产运营记录的所有数据，并对其进行有效的应用。集成信息技术能够对生产过程所产生的数据有效地进行收集、存储、分析等。第二个方面是，可以利用信息集成技术有效地管理电气自动化设备，而且通过对信息技术的利用，使设备自动化程度提高，它的生产效率也会提高。

（二）电气自动化系统检修便捷

如今，很多的行业都采用了电气自动化设备，尽管它的种类很多，但应用系统还是比较统一的，现今主要用的电气自动化系统是 Windows NT 以及 IE，形成了标准的平台。而且也应用到 PLC 控制系统，进行电气自动化系统管理的时候，其操作是比较简便的，非常适用在生产活动当中。通过 PLC 系统和电气自动化系统两者的结合，使得电气自动化智能水平提高了许多，其操作界面也走向人性化，若是系统出现问题则可在操纵过程中及时发现，还有自动回复功能，大大减轻了相应的检修和维护的工作，可避免设备故障而影响到生产，并且电气自动化设备应用效率也会提高。

（三）电气自动化分布控制技术的广泛应用

电气自动化技术的功能非常多，而且它的系统分成很多部分。一般控制系统主要分为两部分：（1）设备的总控制部分，通过相应的计算机信息技术控制整个电气自动化设备。（2）电气设备运行状况监督与控制部分，这属于总控制系统的一个分支，靠它来完成电气自动化系统的正常运行。总控制和分支控制两者的系统主要是通过线路串联，总控制系统能够有效进行控制的同时，分支控制系统也能够把收集的信息传递于总控制系统，可以有效地对生产进行调整，确保生产可以顺利地进行。

六、电气自动化控制技术的发展趋势

（一）不断提高自主创新能力（智能化）

电气自动化控制技术正在向智能化方向发展。随着人工智能的出现，电气自动化控制技术有了新的应用。现在很多生产企业都已经应用了电气自动化控制技术，减少了用工人数，但是，在自动化生产线运行过程中，还要通过工人来控制生产过程。结合人工智能研发出的电气自动化控制系统，可以再次降低企业对员工的需求，提高生产效率，解放劳动力。

在市场中，电气自动化产品占的份额非常大，大部分企业选用电气自动化产品。所以电气自动化的生产商想要获得更大的利益，就要对电气自动化产品进行改进，实行技术创新。对企业来说，加大对产品的重视度是非常有必要的，要不断提高企业的创新能力，进行自主研发，时时进行电气自动化开发。而且，做好电气自动化系统维护对电气自动化产品生产来说有极大的作用，这就要求生产企业将系统维护工作做好。

（二）电气自动化企业加大人才要求（专业化）

随着电气行业的发展，我国也逐渐加大了对电气行业方面的重视，要求的电气企业员工综合素质也越来越高。而且企业想让自己的竞争力变强，就要要求员工具备的能力提高。所以，企业要经常对员工进行电气自动化专业培养，重点是专业技术的培养，实现员工技能与企业同步。但目前在我国，电气自动化专业人才存在面临就业问题，国家也因此进行了一些整改，拓宽它的领域。尽管如此，电气行业还是发展快速，人才需求量还有很大的缺口。所以高等院校要加大对电气专业的培养以及发展的力度，以填补市场上专业性人才的缺口。

针对自动化控制系统的安装和设计过程，时常对技术员工进行培训，提高技术人员的素质，扩大培训规模也会让维修人员的操作技术变得更加成熟和完善，自动化控制系统朝着专业化的方向大踏步前进。随着不断增多的技术培训，实际操作系统的工作人员也必将得到很大的帮助，培训流程的严格化、专业化，提高了他们的维修和养护技术，同时也加快了他们今后排除故障、查明原因的速度。

（三）逐渐统一电气自动化的平台（集成化）

电气自动化控制技术除了向智能化方向发展外，还会向高度集成化的方向发展。近年来，全球范围内的科技水平都在迅速提高，使得很多新的科学技术不断地与电气自动化控制技术结合，为电气自动化控制技术的创新和发展提供了条件。未来电气自动化控制技术必将集成更多的科学技术，使电气自动化控制系统功能更丰富，安全性更高，适用范围更广。同时，还可以大大减小设备的占地面积，提高生产效率，降低企业生产成本。

推进控制系统一致性标志着控制系统的发展改革，一致性对自动化制造业有极大的促进作用，会缩短生产周期。并且统一养护和维修等各个生产环节，时刻立足于客观现实需要，有助于实现控制系统的独立化发展。将来，企业对系统的开发都将实现统一化，在进行生产的过程中每个阶段都进行统一化，能够减少生产时间，其生产的成本也得到降低，将劳动力的生产率进行提高。为了让平台能够统一化发展，企业需要根据客户的需求，开发时采用统一的代码。

（四）电气自动化技术层次的突破（创新化）

虽然现在我国的电气自动化水平提高地很快，但还远远比不上发达国家，我国该系统依然处在未成熟的阶段，依然还存在一些问题，包括信息不可以共享，致使该系统本有的功能不能被发挥出来。在电气自动化的企业当中，数据的共享需要网络来实现，然而我国企业的网络环境还不完善。不仅如此，共享的数据量很大，若没有网络来支持，而数据库出现事故时，就会致使系统平台停止运转。为了避免这种情况发生，加大网络的支持力度尤为重要。随着电力领域技术的不断进步，电气工程也在迅猛发展，技术环境日益开放，在接口方面自动化控制系统朝着标准化飞速前进，标准化进程对企业之间的信息沟通交流有极大的促进作用，方便不同的企业进行信息数据的交换活动，能够克服通信方面出现的一些障碍问题。还有，科学技术得到较快发展，也将电气技术带动起来，目前我国电气自动化生产已经排在前列，在某些技术层次上也处于很高的水平。

通过目前我国的自动化发展情况进行分析，将来我国在这方面的水平会不断提高，慢慢赶上发达国家，逐渐提高我国在世界上的知名度，让我国的经济效益更好。整个技术市场大环境是开放型快速发展的，面对越来越残酷的竞争，各个企业为了适应市场，加大了自动化控制系统的创新力度，并且特别注重培养创新型人才，下大力气自主研发自动化控制系统，取得了一定的成绩。企业在增强自身的综合竞争实力的同时，自动化控制系统也将不断发展创新，为电气工程的持续发展提供了技术层次的支撑和智能方面的保障。

（五）不断提高电气自动化的安全性（安全化）

电气自动化要很好地发展，不只是需要网络来支持，系统运行的安全的保障更加重要，如今，电气自动化涉及的行业越来越多，大多数安全系数比较高的企业都在应用电气自动化的产品，因此，我们需要很重视产品安全性。现在，我国的工业经济正在经历着新的发展阶段，在工业发展中，电气自动化的作用越来越重要，新型的工业化发展道路是建立在越来越成熟的电气自动化技术基础上的。自动化系统趋于安全化能够更好地实现其功能。通过科学分析电力市场发展的趋势，逐渐降低市场风险，防患于未然。

同时，电气自动化系统已经在我们的生活中普及，企业需要重视其员工的整体素质。为了电气自动化的发展水平得到提高，对系统进行安全维护要做到位，避免任何问题的出现，保证系统能够正常工作。

七、电气自动化控制技术的影响因素

（一）电子信息技术发展所产生的影响

如今电子信息技术早已被人们所熟悉。它与电气自动化技术的发展关系十分紧密。相应的软件在电气自动化中得到了的良好应用，能够让电气自动化技术更加安全可靠。我们大家都知道，现在所处的时代是一个信息爆炸的时代，我们需要尽可能构建起一套完整有效的信息收集与处理体系，否则就无法跟上时代的步伐。因此，电气自动化的技术要想有突破性的进展就需要我们能够掌握好新的信息技术，通过自己的学习将电子技术与今后的工作有效地进行融合，找寻到能够可持续发展的路径，让电气自动化技术可以有更加良好的前景与发展空间。

信息技术的关键性影响。信息技术主要包括计算机、世界范围高速宽带计算机网络及通信技术，大体上讲就是指人类开发和利用信息所使用的一切手段，这些技术手段主要目的是用来处理、传感、存储和显示各种信息。现代信息技术又称为现代电子信息技术，它是建立在现代电子技术基础上，并以通信、计算机自动控制等现代技术为主体，将各个种类的信息进行获取、加工处理并进行利用。现代信息技术是实现信息的获取、处理、传输控制等功能的技术。信息系统技术主要包括光电子、微电子以及分子电子等有关元器件制造的信息基础技术，主要是用于社会经济生活各个领域的信息应用技术。信息技术的发展在很大程度上取决于电气自动化中众多学科领域的持续技术创新，信息技术对电气自动化的发展具有较大的支配性影响。反过来信息技术的进步又同时为电气自动化领域的技术创新提供了更加先进的工具基础。

（二）物理科学技术发展产生的影响

20世纪后半叶，物理科学技术的发展对电气工程的成长起到了巨大的推动作用。固体电子学也主要是三极管的发明和大规模集成电路制造技术的发展，电气自动化与物理科学间的紧密联系与交叉仍然是今后电气自动化的关键，并且将拓宽到微机电、生物系统、光子学系统。因为电气自动化技术的应用属于物理科学技术的范围，所以，物理科学技术的快速发展，肯定会对电气自动化技术的发展以及应用发挥着重大的、积极的促进作用。所以，要想电气自动化技术获得更好的发展，政府以及企业的管理者务必高度关注物理科学技术的发展状况，以免在电气自动化技术的发展过程中违背当前的物理科学技术的发展。

（三）其他科学技术的进步所产生的影响

由于其他科学技术的不断发展，促进了电子信息技术的快速发展和物理科学技术的不断进步，进而推动了整个电气自动化技术的快速进步。除此之外，现代科学技术的发展以及分析、设计方法的快速更新，势必会推动电气自动化技术的飞速发展。

第二节 电气自动化控制技术系统分析

一、电气自动化控制技术系统简析

（一）电气自动化控制技术系统的含义

电气自动化控制系统指的是不需要人为参与的一种自动控制系统，可以通过监测、控制、保护仪器设备实现对电气设施的全方位控制。电气自动化控制系统主要包括供电系统、信号系统、自动与手动寻路系统、保护系统、制动系统等。供电系统为各类机械设备提供动力来源；信号系统主要采集、传输、处理各类信号，为各项控制操作提供依据；自动和手动寻路系统可以借助组合开关实现自动和手动的切换；保护系统通过熔断器、稳压器保护相关线路和设备；制动系统可以在发生故障或操作失误时进行制动操作，以减小损失。

（二）电气自动化控制技术系统的分类

电气自动化控制系统可以从多个角度进行分类，从系统结构角度分析，电气自动化控制系统可以分为闭环控制系统、开环控制系统和复合控制系统；从系统任务角度分析，电气自动化控制系统具体分为随动系统、调节系统和程序控制系统；从系统模型角度进行分类，电气自动化控制系统主要包括线性控制系统和非线性控制系统两种类型，还可以分为时变和非时变控制系统；从系统信号角度进行分类，电气自动化控制系统可以分为离散系统和连续系统。

（三）电气自动化控制技术系统工作的原则

电气自动化控制系统的工作过程中，不是连接单一设备，而是多个设备相互连接同时运行，并对整个运行过程进行系统性调控，同时，需要应用生产功能较完整的设备进行生产活动控制，并设置相关的控制程序，对设备的运行数据进行显示和分析，从而全面掌握系统的运行状态。电气自动化控制系统需要遵循的工作原则主要包括以下几点：

（1）具备较强抗干扰能力，由于是多种设备相互连接同时运行，不同设备之间会产生干扰，电气自动化控制系统要通过智能分析使设备提高排除异己参数的抗干扰能力；

（2）遵循一定的输入和输出原则，结合工程的实际应用的特点及工作设备型号，技术人员需调整好相关的输入与输出设置，并根据输入数据对输出数据进行转化，通过工作自检避免响应缓慢问题，并对设定的程序进行漏洞修补，从而实现定时、定量的输入和输出。

（四）电气自动化控制技术系统的应用价值

随着科技的进步和工业的发展，电气自动化生产水平也得到提高，因此，加强系统的自动化控制尤其重要。电气自动化控制系统可以实现过程的自动化操控及机械设备的自动控制，从而降低人工操作难度，进一步提高工作效率，其应用价值主要体现在以下几点：

1. 自动控制

电气自动化控制系统的一个主要应用功能就是自动控制，例如，在工业生产中只需要输入相关的控制参数就可以实现对生产机械设备的自动控制，以缓解劳动压力。电气自动化控制系统还可以实现运行线路电源的自动切断，还可以根据生产和制造需要设置运行时间，实现开关的自动控制，避免人工操作出现的各种失误，极大地提高生产效率和质量。

2. 保护作用

工业生产的实际操作中，会受到各种复杂因素的影响，例如生产环境复杂、设备多样化、供电线路连接不规范等，极易造成设备和电路故障。传统的人工监测和检修难以全面掌控设备的运行状态，导致各种安全隐患问题。通过应用电气自动化控制系统，在设备出现运行故障或线路不稳定时，可以通过保护系统实现安全切断，终止运行程序，避免了安全事故和经济损失，保障电气设备的安全运行。

3. 监控功能

监控功能是电气自动化控制系统应用价值的重要体现，在计算机控制技术和信息技术的支持下，技术人员可以通过应用报警系统和信号系统，对系统的运行电压、电流、功率进行限定设置，超出规定参数时，可以通过报警装置和信号指示进行提醒。此外，电气自动化控制系统还可以实现远程监控，将各系统的控制计算机进行有效连接，通过识别电磁波信号，在远程电子显示器中监控相关设备的运行状态，从而实现数据的实时监测和控制。

4. 测量功能

传统的数据测量主要通过工作人员的感官进行判断，例如眼睛看、耳朵听，从而了解各项工作的相关数据。电气自动化控制系统具有对自身电气设备电压、电流等参数进行测量的功能，在应用过程中，可以实现对线路和设备的各种参数进行自动测量，还可以对各项测量数据进行记录和统计，为后期的各项工作提供可靠的数据参考，方便工作人员的管理。

二、电气自动化控制技术系统的特点

（一）电气自动化控制技术系统的优点

说起电气自动化控制技术，不得不承认现如今经济的快速发展是和工业电气自动化控制技术有关的，电气自动化控制技术可以完成许多人无法完成的工作，比如一些工作是需要在特殊环境下完成的，辐射、红外线、冷冻室等环境都是十分恶劣的，长期在恶劣的环境下工作会对人体健康产生影响，但许多环节又是需要完成的，这时候机器自动化的应用就显得尤为重要，所以工业电气自动化的应用可以给企业带来许多方便，它可以提高工作效率，减少人为因素造成的损失，工业自动化为工业带来的便利不容小觑。

据相关调查研究发现，一个完整的变电站综合自动化系统除了在各个控制保护单元中存有紧急手动操作跳闸以及合闸的措施之外，别的单元所有的报警、测量、监视以及控制功能等都可以由计算机监控系统来进行。变电站不需要另外设置一些远动设备，计算机监控系统可以使得遥控、遥测、遥调以及遥信等功能与无人值班的需要得到满足。就电气自动化控制系统的设计角度而言，电气自动化控制系统具有许多优点，比如说：

（1）集中式设计：电气自动化控制系统引用集中式立柜与模块化结构，使得各控制保护功能都可以集中于专门的控制与采集保护柜中，全部的报警、测量、保护以及控制等信号都在保护柜中予以处理，将其处理为数据信号之后再通过光纤总线输送到主控室中的监控计算机中。

（2）分布式设计：电气自动化控制系统主要应用分布式开放结构以及模块

化方式，使得所有的控制保护功能都分布于开关柜中或者尽可能接近于控制保护柜之上的控制保护单元，全部报警、测量、保护以及控制等信号都在本地单元中予以处理，将其处理为数据信号之后通过光纤的总线输送到主控室的监控计算机中，各个就地单元之间互相独立。

（3）简单可靠：在电气自动化控制系统中用多功能继电器来代替传统的继电器，能够使得二次接线有效简化。分布式设计主要是在主控室和开关柜间进行接线，而集中式设计的接线也局限在主控室和开关柜间，因为这两种方式都在开关柜中进行接线，施工较为简单。

（4）具有可扩展性：电气自动化控制系统的设计可以对电力用户未来对电力要求的提高、变电站规模以及变电站功能扩充等进行考虑，具有较强的可扩展性。

（5）兼容性较好：电气自动化控制系统主要是由标准化的软件以及硬件所构成，而且配备有标准的就地 I/O 接口与穿行通信接口，电力用户能够根据自己的具体需求予以灵活的配置，而且系统中的各种软件也非常容易与当前计算机计算的快速发展相适应。

当然，电气自动化控制技术的快速发展与它自身的特点是密切相关的，例如每个自动化控制系统都有其特定的控制系统数据信息，通过软件程序连接每一个应用设备，对于不同设备有不同的地址代码，一个操作指令对应一个设备，当发出操作指令时，操作指令会即刻到达所对应设备的地址，这种指令传达的快速且准确，既保证了即时性，又保证了精确性。与工人人工操作相比，这种操作模式发生操作错误的概率会更低，自动化控制技术的应用保证了生产操作快速高效的完成。除此之外，相对于热机设备来说，电气自动化控制技术的控制对象少、信息量小、操作频率相对较低，且快速、高效、准确。同时，为了保护电气自动化控制系统，使得其更稳定，数据更精确，系统中连带的电气设备均有自动保护装置，这种装置对于一般的干扰均可降低或消除，且反应迅速，电气自动化系统的大多设备有联锁保护装置，这一系列的措施满足有效控制的要求。

作为一种新兴的工艺和技术，电气自动化解决的最主要的问题是很多人力不能完成的工作，因为环境的恶劣而没有办法解决的问题也顺利完成，比如在温度极高或者极低的条件下工作或者有辐射的环境下工作，劳动者的身体也会在一定时间里受到不同程度的损害，甚至这种职业病将会对他们一生带来影响，成为一种职业病。但有的重要部分是不可省去的，电气自动化技术就可以通过控制机器，来完成这些需要在特定环境下完成的工作，很大程度上节省了人力物力，同时使工人的健康得到保障，工作效益也进一步提高，企业也会减少一些不必要的损失。显而易见，电气自动化控制技术给企业带来的益处数不胜数。电气自动化控制技术的特点与它的飞速发展是紧密联系的，比如说，每一个控制系统都不是随随便便建立的，它有其自身相关的数据信息，每一台设备都和相应的程序连接，地质代码也会因为设备的不同而有所差异，操作指令发出后会快速地传递到相应的设备当中，及时并且是准确的。电气自动化控制系统的这种操作大大降低了由于工人大意而造成的误差，并且在一定程度上提高了工作效率。

（二）电气自动化控制技术系统的功能

电气自动化控制技术系统具有非常多的功能，基于电气控制技术的特点，电气自动化控制技术系统要实现对发电机——变压器组等电气系统断路器的有效控制，电气自动化控制技术系统必须具有以下基本功能：发电机——变压器组出口隔离开关及断路器的有效控制和操作；发电机——变压器组、励磁变压器、高变保护控制；发电机励磁系统励磁操作、灭磁操作、增减磁操作、稳定器投退、控制方式切换；开关自动、手动同期并网；高压电源监测和操作及切换装置的监视、启动、投退等；低压电源监视和操作及自动装置控制；高压变压器控制及操作；发电机组控制及操作；LPS、直流系统监视；等等。

电气自动化控制系统中的控制回路主要是确保主回路线路运行的安全性与稳定性。控制回路设备的功能主要包括：

（1）自动控制功能：就电气自动化控制系统而言，在设备出现问题的时候，需要通过开关及时切断电路从而有效避免安全事故的发生，因此，具备自动控制功能的电气操作设备是电气自动化控制系统的必要设备。

（2）监视功能：在电气自动化控制系统中，自变量电势是最重要的，其通过肉眼是无法看到的。机器设备断电与否，一般从外表是不能分辨出来的，这就必须要借助传感器中的各项功能，对各项视听信号予以监控，从而实时监控整个系统的各种变化。

（3）保护功能：在运行过程中，电气设备经常会发生一些难以预料的故障问题，功率、电压以及电流等会超出线路及设备所许可的工作限度与范围，因此，这就要求具备一套可以对这些故障信号进行监测并且对线路与设备予以自动处理的保护设备，而电气自动化控制系统中的控制回路设备就具备这一功能。

（4）测量功能：视听信号只可以对系统中各设备的工作状态予以定性的表示，而电气设备的具体工作状况还需要通过专业设备对线路的各参数进行测量才能够得出。

电气自动化控制技术系统具有如此多的功能，给社会带来了许多的便利，电气控制技术自动化给人们带来了社会发展的稳定与进步和现代化生产效率的极大提高，因此，积极探讨与不断深入研究当前国家工业电气自动化的进一步发展和战略目标的长远规划有着十分深远的现实意义。

三、电气自动化控制技术系统的设计

（一）电气自动化控制系统设计存在的问题

1. 设备的控制水平比较低

电气自动化的设备更需要不断地完善和创新，体系的数据也会出现改动，伴随数据的变化还有新设备的使用就需要厂商及时地导入新的数据。但是在这个过程中，因为设备控制的水平相对于来说较低，就阻止了新数据的导入，也使新的数据库不能体系地去控制。因而需要不断地更新设备控制的水平。

2. 控制水平与系统设计脱节

控制水平的凹凸直接影响着设备的使用寿命以及运转功能，对控制水平的需求也就相应的提高，可是当前设备控制选用一次性开发，无法统筹公司的后续需求，直接造成控制水平与产出体系规划的开展脱节，所以公司应当注重设备控制水平的进步，使其契合体系的规划需求。

3. 自动化设备维护更重要

一个健康的人如果不断地工作，不定期去体检，得了小病不去治疗，长时间如此就会累计成大病乃至逝世。自动化体系长时间运行也会出毛病。自电气自动化操控体系进入市场出产技术以来，大大提高了水厂出产运行的安全性、稳定性，减轻了职工的劳动强度。在得到收益的同时，也存在一些问题。一是有些配件出现毛病后，由于自动化配件更新快，有些配件现已停产购不到；二是有些自动化配件损坏后置办不到同类型，或厂家供给更换类型不符合当前的操控需求；三是自动化配件及体系的惯例配件收购渠道不疏通；四是懂得自动化操控体系的人才缺乏，自动化设备出现毛病后不能得到有用的保护。

综上所述，如今滤池反冲刷技术、沉淀池排泥体系有些出产技术的自动化体系已成为半自动化，所以电气自动化设备的保护更重要。

（二）电气自动化控制系统的作用

在企业进行工业生产时，利用电气自动化控制技术可以对生产工艺实现自动化控制。新时期的电气自动化控制技术，使用的是分布式控制系统，能在工业生产过程中，有效地进行集中控制。而且电气自动化控制技术还可以进行自我保护，当控制系统出现问题时，系统会自动进行检测，然后分析系统出现故障的原因，确定故障位置，并立刻中断电源，使故障设备无法继续工作。这样可以有效避免因为个别设备出现问题，而影响产品质量的情况出现，从而降低企业因为个别故障设备而造成的成本损失。所以，企业利用电气自动化控制技术来进行生产可以提高整个生产工艺的安全性，从某种程度上降低企业的成本。而且，现在大部分企业中应用的电气自动化控制系统，都可以实现远程监

控，企业可以通过电气自动化控制技术，来远程监控生产工艺中不同设备的运行状况。假如某个环节出现故障，控制中心就会以声光的形式来发出警告，通过电气自动化控制的远程监控功能，减少个别故障设备所造成的损失，并且当故障出现时，可以尽快被相关工作人员察觉，从而避免损失的扩大。

现在，在企业中应用的电气自动化控制系统，还可以在工作过程中分析生产过程中涉及设备工作情况，将设备的实际数据与预设数据比较，当某些设备出现异常时，电气自动化控制系统还可以对设备进行调节，因此企业采用电气自动化控制技术能提高生产线的稳定性。

（三）电气自动化控制技术系统的设计理念

目前，电气自动化控制系统有三种监控方式，分别是现场总线监控、远程监控与集中监控。这三种方案依次可实现针对总线的监测与远程监测、集中监测。

集中监控的设计尤为简单，要求防护较低的交流措施，只用一个触发器进行集中处理，可以方便维护程序，但是对于处理器来说较大的工作量会降低其处理速度，如果全部的电气设备都要进行监控就会降低主机的效率，投资也因电缆数量的增多而有所增加。还有一些系统会受到长电缆的干扰，如果生硬地连接断路器的话也会无法正确地连接到辅助点，给相应人员的查找带来很大的困难，一些无法控制的失误也会产生。远程监控方式同样有利有弊，电气设备较大的通信量会降低各地通信的速度。它的优点也有很多，比如灵活的工作状态、节约费用和材料并且相对来说可靠性更高。但是总体来说远程监控这一方式没有很好地体现出来电气自动化控制技术的特点，经过一系列的试验和实地考察，现场总线监控结合了其余两种设计方式的优点，并且对其存在的缺点进行有效改良，它成为最有保障的一种设计方式，电气自动化控制系统的设计理念也随之形成。设计理念在设计过程中的体现主要有以下几个方面：

①电气自动化控制技术实行集中检测时，可以实现一个处理器对整个控制的处理，简单灵活的方式极大地方便了运行和维护。②电气自动化控制技术远程监测时，可以稳定地采集和传输信号，及时反馈现场情况，依据具体情况来修正控制信号。③电气自动化控制技术在监测总线时，集中实现控制功能，从而实现高效的监控。从电气自动化控制技术的整体框架来说，在许多实际应用中都体现出电气自动化控制技术系统设计理念，也获得了许多的成绩，所以进行电气自动化控制技术设计时，应依据自身情况选择合理的设计方案。

（四）电气自动化控制技术系统的设计流程

在机电一体化产品中，电气自动化控制系统具有非常重要的作用，其就相当于人类的大脑，用来对信息进行处理与控制。所以，在进行电气自动化控制系统的设计时一定要遵循相应的流程。依照控制的相关要求将电气自动化控制系统的设计方案确定下来，然后将控制算法确定下来，并且选择适当的微型计算机，制定出电气自动化控制系统的总体设计内容，最后开展软件与硬件的设计。虽然电气自动化控制系统的设计流程较为复杂，但是在设计时一定要从实际出发，综合考虑集中监测方式、现场总路线监控方式以及远程监控方式，唯有如此才能够将与相关要求相符的控制系统建立起来。

（五）电气自动化控制技术系统的设计方法

据相关调查研究发现，在当前电气自动化控制系统中应用的主要设计思想有三种，分别是集中监控方式、远程监控方式以及现场总线监控方式，这三种设计思想各有其特点，其具体选用应该根据具体条件而定。

使用集中监控的自动化控制系统时，中央处理器会分析生产过程中所产生的数据并进行处理，可以很好地控制具体的生产设备。同时，集中监控控制系统设计起来比较简单，维护性较强。不过，因为集中监控的设计方式会将生产设备的所有数据都汇总到中央处理器，中央处理器需要处理分析很多数据，因此电气自动化控制系统运行效率较低，出现错误的概率也相对高。采用远程监控设计方式设计而成的电气自动化控制系统，相对灵活，成本有所降低，还能给企业带来很好的管理效果。远程监控电气自动化控制系统在工作过程中，需要传输大量信息，现场总线长期处于高负荷状态，因此应用范围比较小。以现场总线监控为基础设计出的监控系统应用了以太网与现场总线技术，既有很强的可维护性，也更加灵活，应用范围更广。现场总线监控电气自动化控制系统的出现，极大地促进了我国电气自动化控制系统智能化的发展。工业生产企业往往会根据实际需要，在这三种监控设计方式之中选取一种。

1. 现场总线监控

随着经济社会的发展、科学技术的进步，当前智能化电气设备有了较快的发展，计算机网络技术已经普遍应用在变电站综合自动化系统中，我们也积累了丰富的运行经验。这些都为网络控制系统应用于电力企业电气系统奠定了良好的基础。现场总线以及以太网等计算机网络技术已经在变电站综合自动化系统中得以较为广泛的应用，而且已经积累了较为丰富的运行经验，同时智能化电气设备也取得了一定的发展，这些都给在发电厂电气系统中网络控制系统的应用奠定了重要的基础。在电气自动化控制系统中，现场总线监控方式的应用可以使得系统设计的针对性更强，由于不同的间隔，其所具备的功能也有所不同，因此能够依照间距的具体情况来展开具体的设计。现场总线监控方式不但具备远程监控方式所具备的一切优点，同时还能够大大减少模拟量变送器、I/O卡件、端子柜以及隔离设备等，智能设备就地安装并且通过通信线和监控系统实现连接，能够省下许多的控制电缆，大大减小了安装维护的工作量以及投入资金，进而使得所需成本得以有效降低。除此之外，各装置的功能较为独立，装置间仅仅经由网络来予以连接，网络的组态较为灵活，这就使得整个系统具有较高的可靠性，每个装置的故障都只会对其相应的元件造成影响，而不会使系统发生瘫痪。所以，在未来的发电厂计算机监控系统中，现场总线监控方式必然会得到较为广泛的应用。

2. 远程监控

最早研发的自动化系统主要是远程控制装置，主要采用模拟电路，由电话继电器、电子管等分立元件组成。这一阶段的自动控制系统不涉及软件。主要由硬件来完成数据收集和判断，无法完成自动控制和远程调解。它们对提高变电站的自动化水平，保证系统安全运行，发挥了一定的作用，但是由于这些装置，相互之间独立运行，没有故障诊断能力，在运行中若自身出现故障，不能提供告警信息，有的甚至会影响电网安全。远程监控方式具有节约大量电缆、节省安装费用、节约材料、可靠性高、组态灵活等优点。由于各种现场总线（如 Lonworks 总线、CAN 总线等）的通信速度不是很高，而电厂电气部分通信量相对又比较大，所有这种方式适应于小系统监控，而不适应于全厂的电气自动化系统的构建。

3. 集中监控

集中监控方式主要优势在于运行维护便捷，系统设计容易，控制站的防护要求不高。但此方法的特点是将系统各个功能集中到一个处理器进行处理，处理任务繁重致使处理速度受到影响。此外，电气设备全部进入监控，会随着监控对象的大量增加导致主机冗余的下降，电缆树立增加，成本加大，长距离电缆引入的干扰也会影响到系统的可靠性。同时，隔离刀闸的操作闭锁和断路器的连锁采用硬接线，通常为隔离刀闸的辅助接点不到位，造成设备无法操作，这种接线的二次接线复杂，查线不方便，增加了维护量，并存在查线或传动过程中由于接线复杂造成误操作的可能。

电气自动化控制系统的设计思想一定要将各环节中的优势予以较好的把握，并且使其充分地发挥出来，与此同时，在电气自动化控制系统的设计过程中一定要坚持与实际的生产要求相符，切实确保电气行业的健康可持续发展。在电气自动化控制系统的不断探索中，需要相关工作人员认识当前存在的不足，并且通过不断学习新技术、新方法等，不断提高自己，从而不断推动我国电气自动化控制系统的发展。

第三节　电气自动化控制技术的应用

一、电气自动化控制技术在工业中的应用

20世纪中叶，在电子信息技术、互联网智能技术的发展影响下，工业电气自动化技术初步应用于社会生产管理中，经过半个多世纪的发展，工业电气自动化技术日臻成熟，逐渐应用于社会生产、生活的方方面面，对于电子信息时代的发展具有至关重要的时代意义。进入信息化时代以来，人们的生产、生活观念同步变化，对工业电器行业的发展提出更高的要求，工业电气系统不得不进行与时俱进的改革。同时，随着电气自动化技术水平的日益完善，电气自动化技术在工业电气系统的发展已成为必然趋势，具有跨时代的研究价值，对于社会经济的发展有着十分重要的推动意义，可以进一步推动国家的繁荣昌盛。

（一）电气自动化控制工业应用发展现状

工业电气自动化的应用能够促进现代工业的发展，它可以有效节约资源，降低生产成本，为我国带来更大的经济效益和社会效益。工业电气自动化技术能够有效提升我国电气化技术的使用水平，有效缩短我国在工业电气自动化方面与国外发达国家之间的差距，促进我国国民经济的快速发展。很多PLC厂商依照可编程控制器的国际标准IEC61131，推出很多符合该标准的产品和软件。在工业电气自动化领域，电气自动化技术的应用为工业领域添加了新活力，我们可以通过现场总线控制系统连接自动化系统和智能设备，解决系统之间的信息传递问题，对工业生产具有重大的意义。现场总线控制系统与其他控制系统相比具有很多优势和特点，如智能化、互用性、开放性、数字化等，已被广泛应用于生产的各个层面，成为工业生产自动化的主要方向。

科技的不断发展推动了电气自动化的快速发展，使得电气自动化被广泛应用于工业生产中，各类自动化机械正逐步替代人工，或是做着一些由于环境危险人工无法完成的工作，有效节约了生产成本和时间，提升了工作效率，为企业带来了更大的经济效益。同时，工业电气自动化技术也被广泛应用于人们的日常活动中。为了给社会培养更多电气自动化人才，我国很多高校都开设了电气自动化专业。我国电气自动化专业最早出现于20世纪50年代，各高校开展电气自动化专业仅经过半个多世纪的发展就取得了显著的成就，再加上电气自动化有专业面宽、适用性广的特点，经过国家几次大规模调整，电气自动化技

术仍然具有蓬勃的发展前景。近年来，电子科技的不断发展，推动了工业电气自动化技术在各个工业生产领域和人们日常活动中的应用，并取得了显著成效。纵观工业电气自动化的发展历程，信息技术的快速发展直接决定了工业电气的自动化发展，并为工业电气自动化的发展提供了基础，同时，也推动了工业电气自动化技术的应用。大规模的集成电路为工业电气自动化的应用提供了设备依赖，物理学、固体电子学对工业电气自动化的发展产生了重要影响。

随着时代的发展，工业电气自动化推动了现代工业的发展。提升了我国电气自动化技术的水平，增强了我国工业实力。国家标准 EC61131 的颁布为 PLC 设计厂商提供了可编程控制器的参考，为工业电气自动化技术的应用增添了新的活力。可以实现现场总线控制系统与智能设备、自动化系统的连接，以此解决各个系统之间信息传递存在的问题。对工业生产具有重要影响。例如，数字化、开放性、互用性、智能化的电气自动化发展方向，逐渐在工业生产中实现，在对其系统结构设置时也广泛应用到生产活动的各个层面中。

设备与化工厂之间的信息交流在现场总线控制系统建立的基础上逐渐加强，为它们之间的信息交流提供了便利，现场总线控制系统还可以根据具体的工业生产活动内容设定，针对不同的生产工作需求，建立不同的信息交流平台。

(二) 电气自动化控制工业应用发展策略

1. 统一电气自动化控制系统标准

电气自动化工业控制体系的健全和完善，与拥有有效对接服务的标准化系统程序接口是分不开的，在电气自动化实际应用过程中，可以依据相关技术标准规范、计算机现代化科学技术等，推动电气自动化工业控制体系的健康发展和科学运行，不仅能够节约工业生产成本、降低电气自动化运行的时间、减少工业生产过程中相关工作人员的工作量，还能够简化电气自动化在工业运行中的程序，实现生产各部之间数据传输、信息交流、信息共享的畅通。例如，在有效对接相同企业的 EMS 实践系统、E 即体系的过程中，可以通过自动化技术与计算机平台科学处理生产活动中的各类问题，统一办公环境的操作标准，另外统一电气自动化控制系统标准还能够推动创建自动化管理的标准化程序的进程，解决不同程序结构之间的信息传输问题，因此，可以将其作为电气自动化控制工业的未来发展应用主体结构类型。

2. 架构科学的网络体系

架构科学的网络体系，有利于推动电气自动化控制工业的健康化、现代化、规范化发展,发挥积极的辅助作用实现现场系统设备的良好运行,促进计算机监控体系与企业管理体系之间交叉数据、信息的高效传递。同时企业管理层还可以借用网络控制技术实现对现场系统设备操作情况的实时监控,提高企业管理效能。而且随着计算机网络技术的发展,在电气自动化控制网络体系中还要建立数据处理编辑平台,营造工业生产管理安全防护系统环境,因此,应建立科学的网络体系,完善电气自动化控制工业体系,发挥电气自动化的综合运行效益。

3. 完善电气自动化系统工业应用平台

完善电气自动化系统工业应用平台需建立健康、开发、标准化、统一的应用平台,对电气自动化控制体系的规范化设计、服务应用具有重要作用和影响。良好的电气自动化系统工业应用平台能够为电气自动化控制工业项目的应用、操作提供支撑保障,并发挥积极的辅助作用在系统运行的各项工作环节中,有效地缓解工业生产中电气自动化设备的实践、应用所消耗的经济成本,同时还可以提升电气设备的服务效能和综合应用率,满足用户的个性化需求,实现独特的运行系统目标。在实际应用中,可以根据工业项目工程的客户目标、现实状况、实际需求等运行代码,借助计算机系统中CE核心系统、操作系统中的NT模式软件实现目标化操作。

(三) 工业电气自动化控制技术的意义与前景

工业电气自动化技术在工业电气领域的应用,其意义通常在于对市场经济的推动作用和生产效率的提升效果两方面。在市场经济的推动作用方面,工业电气自动化技术的应用在实现各类电器设备最大化使用价值的同时,有效强化工业电气市场各个部门之间的衔接,保证工业电气管理系统的制度性发展,以工业电气管理系统制度的全面落实确保工业电气系统的稳定快速发展,切实提升工业电气市场的经济效益,进而促进整体市场经济效益的提升。在生产效率的提升效果方面,工业电气自动化技术的应用可以提升工业电气自动化管理监督的监控力度,进行市场资源配置的合理优化和工业成本的有效控制,同时给生产管理人员提供更加精确的决策制定依据,在降低工业生产人工成本的同时,提升工业生产效率,促使工业系统的长期良性循环发展。

工业电气自动化的发展,可以有效地节约在现代工业、农业及国防领域的资源,降低成本费用,从而取得更好的经济和社会效益。随着我国工业自动化水平的提高,我们可以实现自主研发,缩短与世界各国之间的距离,从而推动国民经济的发展。我国的工业电气自动化企业应完善机制和体制,确立技术创新为主导地位,通过不断地提高创新能力,努力研发更好的电气自动化产品和控制系统。加强我国电气自动化的标准化和规范化生产,以科学发展观为指导思想，以人为本，学习先进的技术和经验，充分发挥人的积极性，从而加快企业转变经济增长方式，使我国的工业电气自动化技术和水平得到发展和提高。

随着我国工业电气自动化技术的发展，社会各界对其的关注度不断提高。为了实现工业电气自动化生产的规模化和规范化，应当不断更新我国电气传动自动化技术领域的相关标准。同时，为了进一步推动我国工业电气自动化技术的发展，提升我国工业电气自动化技术的自主研发能力，应当进一步完善相关体制、机制和环境政策，为企业自主研发电气自动化系统和产品提供发展空间，通过不断地提高我国工业电气自动化技术的创新能力，推动工业电气自动化生产企业经济增长方式的改变和工业电气自动化技术科学发展的新局面。通过相关的分析可知，我国工业电气自动化会不断朝着分布式信息化和开放式信息化的方向发展。

（四）工业电气自动化技术的应用

1. 工业电气自动化技术的应用现状

在互联网信息技术的推动下，现有的工业电气自动化技术以包括计算机网络技术、多媒体技术等的信息技术为核心，结合诸如计算机CAD软件技术等人工智能技术，进行工业电气系统的故障实时监测和诊断，进行工业电气系统的全面有序控制，逐步实现工业电气系统的管理优化和完善。同时，当前形势下，工业电气自动化技术的应用关键在于工业电气仿真模拟系统的实现，以工业电气仿真系统辅助相关工作人员进行工业电气数据的事前勘测，为相关工作人员提供更加先进的电气研究系统，进而深入进行工业电气系统的研究。此外，当前的工业电气自动化技术以IEC61131为标准，运用计算机操作系统，建立工业电气系统的开放式管理平台，操作灵活，管理有效，维护有序，工业电气系统的自动化发展初见成效。

2. 工业电气自动化技术的应用改革

在工业电器系统的发展中，工业电气自动化技术的应用改革关键在于计算机互联网技术的应用和可编程逻辑控制器技术的应用。在工业电气自动化的计算机互联网技术应用中，计算机互联网技术的关键作用在于提升控制系统的高效性，进行工业电气配电、供电、变电等各个环节的全面系统性控制，实现工业电气配电、供电、变电等的智能化开展，配电、供电、变电等操作的效益更加高效，工业电气系统的综合效益得以有效提高。同时，工业电气自动化技术的应用可以实现工业电气电网调度的自动化控制，进行电网调度信息的智能化采集、传送、处理和运作等环节，工业电气系统的智能化效果更加显著，最大化经济效益得以实现。在工业电气自动化的PLC技术的应用中，借由PLC技术的远程自动化控制性能，自动进行工业电气系统工作指令的远程编程，可以有效地过滤工业电气系统的采集信息，快速高效地进行工业电气过滤信息的处理和储存，在工业电气系统的温度、压力、工作流等方面的控制效果明显，可以进行工业电气系统性能的全面完善，提高工业电气系统的工作效益，进而实现市场经济效益的全面提升，加快我国国民经济和社会经济的发展进程。

二、电气自动化控制技术在电力系统中的应用

随着科学技术不断发展，电气自动化技术对电力系统的作用也越来越重要。虽然我国对应用于电力系统中的电气自动化技术研究起步比较晚，但近年来还是取得了一定的成绩。当然，目前国内的这些技术与国外先进水平相比，仍存在比较大的差距。所以，对应用在电力系统中的电气自动化技术开展研究已经迫在眉睫。显而易见，电气自动化控制技术在监测、管理、维修电力系统等步骤都有着很大的影响，它能通过计算机了解电力系统实时的运行情况并可以有效解决电力系统在监测、报警、输电等过程中存在的问题，它扩大了电力系统的传输范围，让电力系统输电和生产效率得到了很大的提高，让电力系统的运营获得了更高的经济价值，进而促进了电气自动化控制在我国电力系统的实施。

科学技术的日益进步和信息化的快速发展是电力系统不断前进的根本推力。在这种趋势下，传统的运行模式已满足不了人们日益增长的需求，为了解放劳动生产力、节约劳动时间、降低劳动成本和促进资源的合理利用，电气自动化控制技术便应运而生，而传统的模式退出舞台。电气自动化主要是利用现如今最先进的科技成果和顶尖的计算机技术对电力系统的各个环节和进程进行严格的监管和把控，从而保证电力系统的稳定和安全。目前，电气自动化技术已渗透至各个领域，所以对电气自动化技术的深入了解和分析对国民经济的发展有划时代意义。

（一）电力系统中应用电气自动化控制技术的应用概述

1. 电力系统中应用电气自动化控制技术的发展现状

伴随着我国经济社会发展进程的日益推进，各行各业和家庭生活中对于电力的需求量与日俱增，我国电网系统的规模也在日趋增大，传统的供变电和输配电控制技术必然无法满足现阶段日益增高的电力生产和配送的要求。由于电气自动化控制技术具有高效、快捷、稳定、安全等优势，符合我国电力系统的发展更多元、更复杂、更广泛的特点，能够切实降低电力生产成本、提高电力生产和配送效率、保障电力供应安全稳定，对提升电力企业的竞争力和企业价值具有非常重要的促进作用，因而电气自动化控制技术在我国电力系统中得到了非常广泛的应用。

2.电力系统中电气自动化控制技术的作用和意义

近些年来，我国科学技术日益进步，尤其是在计算机技术领域和PLC技术领域不断取得崭新的科技成果，使得我国的电气自动化技术也获得了飞速发展。

计算机技术称得上是电力系统中电气自动化技术的核心。其重要作用在供电、变电、输电、配电等电力系统的各个核心环节均有体现。正是得益于计算机技术的快速发展，我国涉及各个区域、不同级别的电网自主调动系统才得以实现。同时，正是依赖于计算机技术，我国的电力系统才实现了高度信息化的发展，大大提高了我国电力系统的监控强度。

PLC技术是电气自动化控制技术中的另一项至关重要的技术。它是对电力系统进行自动化控制的一项技术，使得对电力系统数据信息的收集和分析更加精确、传输更加稳定可靠，有效降低了电力系统的运行成本，提高了运行效率。

3.电力系统中电气自动化控制技术的发展趋势

现阶段，电气自动化控制技术很大幅度提高了电力系统的工作效率还有安全性，改变了传统的发电、配电、输电形式，减少了电力工作人员的负荷，并对其安全起到了积极的作用。同时，该技术改变了电力系统的运行，让电力工作人员在发电站内就可以监测整个电力网络的运行并可以实时采集运行数据。我认为，以后的电气自动化控制会在一体化方面有所突破，现阶段的电力系统只能实现一些小故障的自主修理，对于一些稍微大一点的故障计算机还是束手无策。在人工智能化逐渐提高的未来，相信这一难题也会被我们攻克。将电力系统的检测、保护、控制功能三位一体化，我们的电力系统将会更加安全和经济。

随着经济的日益发展，电气自动化控制技术在电力系统中得到了越来越广泛的应用。随着我国科技的不断进步，电气自动化控制技术也将向水平更高、技术更多元的方向发展，诸如信息通信技术、多媒体信息技术等科学技术，也将被纳入电气自动化的应用范畴。具体说来，可大致分为以下几个方面：

第一，我国电力系统中电气自动化技术的发展已趋于国际标准化。我国电力行业为了更好地与国际接轨、开拓国际市场，也对我国的电气自动化的技术研发实施了国际统一标准。

第二，我国电力系统中电气自动化技术的发展已趋于控制、保护、测量三位一体化。在电力系统的实际运行中，将控制、保护、测量三者的功能进行有效的组合和统一，能够有效提高系统的运行稳定性和安全性，简化工作流程、减少资源重复配置、提高运行效率。

第三，我国电力系统中电气自动化技术的发展已趋于科技化。随着电气自动化在我国电力系统中的应用范围的扩宽，其对计算机技术、通信技术、电子技术等科学技术的要求也不断提高。将先进的科学技术成果，不断应用到电力系统的实际工作中，将是电气自动化技术在我国电力系统中发展的另一大趋势。

（二）电气自动化控制技术在电力系统中的具体应用

1. 电气自动化控制的仿真技术

我国的电气自动化控制技术不断和国际接轨。随着我国科技的进步和自主创新能力的增强，电力系统中关于电气自动化技术的研究逐渐深入，相关科研人员已经研究出了达到国际标准的可直接利用的仿真建模技术，大大提高了数据的精确性和传输效率。仿真建模技术不仅能对电力系统中大量的数据信息进行有效的管理，还能够构建出符合实际状况的模拟操作环境，进而有助于实施对电力系统的同步控制。同时，针对电气设备产生的故障，还能够有效地进行模拟分析，从而排除故障，提高系统的运行效率。另外，该项技术还有利于对电力系统中电气设备进行科学合理的测试。

仿真技术在实际的应用中需要诸多技术的支持，其核心技术是信息技术，以计算机及相关的设备作为载体，综合应用了系统论、控制论等一系列的技术原理，从而实现对系统的仿真动态试验。应用仿真技术能够有效地对不同的环境进行模拟，从而在正式的试验之前预先进行仿真试验，进一步确保电力系统运行的稳定与可靠。通常情况下，仿真试验会作为项目可行性论证阶段的试验，只有确保仿真试验通过以后才能够正式进行实验室试验。采用仿真技术，电力系统就可以直接通过计算机的 TCP/IP 协议对电力系统运行中的信息和数据进行采集，然后通过网络传送到发电厂的数据信息终端中，具备一定仿真模拟技术的智能终端设备就可以快速地对电力系统运行过程中的各项信息数据进行审核评估。通过将仿真技术应用在电力系统运行当中，电力系统可以直接地采集运行的信息和数据并做出判断，确保电力系统在运行过程中能够及时地发现故障。

2. 电气自动化控制的人工智能控制技术

人工智能是以计算机技术为基础，通过对程序运行方式进行优化，从而让计算机实现对数据的智能化收集与分析。通过计算机来模拟人脑的反应与操作，从而实现智能化运行的一种技术。人工智能技术最主要的核心技术还是计算机技术，其在运行的过程中依赖于先进的计算机技术与数据处理技术，其在电力系统中的应用能够有效地提高电力系统的运行水平。人工智能技术应用到电力系统中，大大提高了设备和系统的自动化水平，实现了对电力系统运行的智能化、自动化和机械化的操作和控制。电力系统中采用人工智能技术主要是对电力系统中的故障进行自动检查并将故障信息进行反馈，从而使电力系统发生故障时能够得到及时的维修。当电力系统出现故障后其主要工作方式是人工智能技术中的馈线安装自动化终端会对电力系统故障进行分析，并将故障数据信息通过串口232或485和DTU的终端进行连接，然后在移动基站的作用下通过路由器上传至电力系统中发电场的检测中心进行检测。最后检查中心在较短的时间内对故障数据信息进行检测从而确定发生故障的原因，进而能够及时地对电网系统进行维修。

人工智能控制技术极大地促进了我国电力系统的安全性、稳定性和可控性。对于复杂的非线性系统而言，智能控制技术具有无法替代的重要作用。电力系统中智能控制技术的应用，不但提高了系统控制的灵活性、稳定性，还能增强系统及时发现和排除故障的能力。在实际运行中，只要电力系统的某个环节出现故障，智能控制系统都能及时发现并做出相应的处理。同时，工作人员还能够利用智能控制技术对电网系统进行远程控制，这大大提高了工作的安全性，增强了电力系统的可控性，进而提高了电力系统整体的工作效率。

3. 电气自动化控制的多项集成技术

电力系统中运用电气自动化的多项集成技术，对系统的控制、保护与测量等工程进行有机的结合，不仅能够简化系统运行流程，提高运行效率，节约运行成本，还能够提高电力系统的整体性，便于对电力系统的环节进行统一管理，从而更好地满足不同客户的用电需求，提升电力企业的综合竞争力。

4. 电气自动化控制技术在电网控制中的应用

电网的正常运行对于电力系统输配电的质量有着关键性的作用。电气自动化控制技术能够实现对电网运行状况的实时监控，并能够对电网实行自动化调度。在有效地保障了输配电效率的同时，促进了电力企业改变传统生产和配送模式，不断走向现代化，提高了企业的生产和经营效率。电网技术的发展离不开计算机技术和信息化技术的飞速进步。电网技术包括对电力系统中的各个运行设备进行实时监测，在提高对电力系统运行数据信息的收集效率、使得工作人员能够实时掌控设备运行情况的同时，更能够自动、便捷地排除故障设备，并且已经可以自动维修一些故障设备，大大提高了对电气设备的检修、维护的效率，加快了电力生产由传统向智能化转变的进程。

5. 计算机技术的应用

从技术层面来分析，电气自动化控制技术取得成功最重要的因素就是和计算机技术结合并在电力系统中得到广泛的利用。电子计算机技术被应用在电力系统的运行检修、报警、分配电力、输送电力等重要环节，它可以实现控制系统的自动化，计算机技术中应用最广泛的就是智能电网技术，运用计算机技术我们可以利用复杂的算法对各个电网分配电力。智能电网技术代替了人脑配电等需要高强度计算的作业，被广泛应用在发电站和电网之间的配电和输电过程中，减轻了电力工作人员的负担而且降低了出错的概率。电网的调度技术在电力系统中也是很重要的一个应用，它直接关系到电力系统的自动化水平，它的主要工作是对各个发电站和电网进行信息收集，然后对信息进行分类汇总，让各个发电站和电网之间实现实时沟通联系，进行线上交流，同时它还可以对我们的电力系统和各个电网的设备进行匹配，提高设备的利用率，降低电力的成本。同时它还有记录数据的功能，可以实时查看电力系统的各项运行状态。

6. 电力系统智能化

就现在的科技水平而言，我们已经在电力系统设备的主要工作原件、开关、警报等设备方面实现了智能化。这意味着我们能通过计算机控制危险设备的开关、对主要的发电设备进行实时监测并实现报警功能。智能化技术在运行过程中可以收集设备的运行数据，方便我们对电力系统的监控和维护，而且可以通过数据分析出设备存在的问题，起到预防的作用。在以后的智能化实验中，我们着力研究输电、配电等设备的智能化。

传统的电力系统需要定期指派人员进行检测和检修工作，在电气自动控制之后，我们的电力系统可以实现实时在线监控，记录设备运行过程中的每一个数据，并且能够实现有效地跟踪故障因素，通过对设备记录数据的研究和分析及时发现设备存在的隐患，并鉴别故障的程度，如果故障程度较低可以实现自我修复，如果较高可以起到警报作用。这一技术不仅提高了电力系统的安全性，而且还降低了电力设备的检修成本。

7. 变电站自动化技术的应用

电力系统中最重要的一环就是变电站，发电站和各个电网之间的联系就是变电站。变电站的自动化主要是在计算机技术应用的基础上。要实现电力系统整体的电气控制自动化，不可缺少的环节就是实现变电站自动化。在变电站自动化中，不仅一次设备比如变压器、输电线或者光缆实现了自动化、数字化，它的二次设备也部分实现了自动化，比如某些地区的输电线已经升级为了计算机电缆、光纤来代替传统的输电线。电气自动控制技术是在屏幕上模拟真实的输电场景，并记录每个时刻输电线中的电压，不仅对输电设备进行了监控，还对输电中的数据进行了实时记录。

8. 数据采集与监视控制系统的应用

数据采集与监视控制系统的简称为 SCADA 系统，是以计算机为基础的分布控制系统与电力自动化监控系统，在电网系统生产过程实现调度和控制的自动化系统。其主要是在电网运行过程中对电网设备进行监视和控制，进而实现电网系统的采集、信号的报警、设备的控制和参数的调节等功能，在一定程度上促进了电网系统安全稳定运行。在电网系统中加入 SCADA 系统，不仅能够有效地保障电力调度工作，还能够使电网系统的运行更加智能化和自动化。SCADA 系统的应用，能够有效地降低电力工作人员的工作强度，保障电网的安全稳定运行，从而促进电力行业的发展。

三、电气自动化控制技术在楼宇自动化中的应用

在现代的城市建筑中，随着科学技术和建筑行业的高速发展，城市建筑的质量和性能都得到了大幅度提升，并且随着信息技术在社会各领域中的广泛应用，大幅度提高了现代建筑的性能。其中电气自动化就是现代城市建筑中应用最为广泛的技术，该技术能够大幅度提高建筑的性能，从而提高人们的生活质量，与此同时，在电气自动化的不断应用过程中，其本身也进行了相应的发展，从而使得电气自动化的水平得到了大幅度提高。然而就我国电气自动化在现代建筑自控系统中应用的实际情况而言，其中还存在一些较为严峻的问题，这些问题不仅影响到建筑的质量和性能，甚至还可能留下极大的安全隐患，进而威胁到建筑用户的生命财产安全。因此，为了提高楼宇自控系统的水平，加大对电气自动化的分析研究力度就显得尤为重要。

（一）楼宇自动控制系统概述

所谓的自控系统其实就是建筑设备的一种自动化控制系统，而建筑设备通常则是指那些能够为建筑所服务或者能够为人们提供一些基本生存环境所必须要用到的设备，在现代的房屋建筑中，随着人们生活水平的不断提高，这些设备也越来越多，在居民家中通常都会用到空调设备和照明设备以及变配电设备等，而这些设备都能够通过一定的科学技术和手段来实现这些设备的自动化控制，从而就能够将这些设备更加合理利用，与此同时，将这些设备实行自动化管理不仅能够节省大量的能源资源以及人力物力，还能够使这些设备更加安全稳定地运行。而随着科学技术的高速发展，在现代的建筑领域中，各种建筑理论和建筑技术都得到了快速发展，并且各种先进的建筑理论和建筑技术也层出不穷，从而为现代建筑实现电气自动化创造了有利条件。

楼宇自控系统是建筑设备自动化控制系统的简称。建筑设备主要是指为建

筑服务的、那些提供人们基本生存环境（风、水、电）所需的大量机电设备，如暖通空调设备、照明设备、变配电设备以及给排水设备等，通过实现建筑设备自动化控制，以达到合理利用设备，节省能源、节省人力，确保设备安全运行之目的。

前些年人们提到楼宇自控系统，主要所指仅仅是建筑物内暖通空调设备的自动化控制系统，近年来已涵盖了建筑中的所有可控的电气设备，而且电气自动化已成为楼宇自控系统不可缺少的基本环节。在楼宇自控系统中，电气自动化系统设计占有重要的地位。最近几年，随着社会经济的发展，人们的生活水平不断提高，人们对现代的建筑也提出了更高的要求，因此在现代建筑中楼宇自控系统应运而生，然而在之前所谓的楼宇自控系统通常只是局限于建筑物内的一些空调设备的，因此，为了提高楼宇自控系统的水平，加大对电气自动化的分析研究力度不仅意义重大，而且迫在眉睫。这里从电气接地出发，对电气自动化进行了深入的分析，然后对电气自动化在楼宇自控系统中的应用进行了详细阐述。希望能够起到抛砖引玉的效果，使同行相互探讨共同提高，进而为我国建筑行业的发展添砖加瓦。

（二）电气接地

在建筑物供配电设计中，接地系统设计占有重要的地位，因为它关系到供电系统的可靠性，安全性。尤其近年来，大量的智能化楼宇的出现对接地系统设计提出了许多新的内容要求。

目前的电气接地主要有以下两种方式。

1. TN－S 系统

TN－S 是一个三相四线加 PE 线的接地系统。通常建筑物内设有独立变配电所时进线采用该系统。TN－S 系统的特点是，中性线 N 与保护接地线 PE 除在变压器中性点共同接地外，两线不再有任何的电气连接。中性线 N 是带电的，而 PE 线不带电。该接地系统完全具备安全和可靠的基准电位。只要像 TN－C－S 接地系统，采取同样的技术措施，TN－S 系统可以用作智能建筑物的接地系统。如果计算机等电子设备没有特殊的要求时，一般都采用这种接地系统。

在智能建筑里，单相用电设备较多，单相负荷比重较大，三相负荷通常是不平衡的，因此在中性线 N 中带有随机电流。另外，由于大量采用荧光灯照明，其所产生的三次谐波叠加在 N 线上，加大了 N 线上的电流量，如果将 N 线接到设备外壳上，会造成电击或火灾事故；如果在 TN－S 系统中将 N 线与 PE 线连在一起再接到设备外壳上，那么危险更大，凡是接到 PE 线上的设备，外壳均带电；会扩大电击事故的范围；如果将 N 线、PE 线、直流接地线均接在一起除会发生上述的危险外，电子设备将会受到干扰而无法工作。因此智能建筑应设置电子设备的直流接地，交流工作接地，安全保护接地及普通建筑也应具备的防雷保护接地。此外，由于智能建筑内多设有具有防静电要求的程控交换机房，计算机房，消防及火灾报警监控室，以及大量易受电磁波干扰的精密电子仪器设备，所以在智能楼宇的设计和施工中，还应考虑防静电接地和屏蔽接地的要求。

2. TN-C-S 系统

TN-C-S 系统由两个接地系统组成，第一部分是 TN-C 系统，第二部分是 TN-S 系统，分界面在 N 线与 PE 线的连接点。该系统一般用在建筑物的供电由区域变电引来的场所，进户之前采用 TN-C 系统，进户处做重复接地，进户后变成 TN-S 系统。TN-C 系统前面已做分析。TN-S 系统的特点是：中性线 N 与保护接地线 PE 在进户时共同接地后，不能再有任何电气连接。该系统中，中性线 N 常会带电，保护接地线 PE 没有电的来源。PE 线连接的设备外壳及金属构件在系统正常运行时，始终不会带电，因此 TN-S 接地系统明显提高了人及物的安全性。同时只要我们采取接地引线，各自都从接地体一点引出，即选择正确的接地电阻值使电子设备共同获得一个等电位基准点措施，因此 TN-C-S 系统可以作为智能型建筑物的一种接地系统。

（三）电气保护

1. 交流工作接地

工作接地主要指的是变压器中性点或中性线（N 线）接地。N 线必须用铜芯绝缘线。在配电中存在辅助等电位接线端子，等电位接线端子一般均在箱柜内。必须注意，该接线端子不能外露；不能与其他接地系统，如直流接地，屏蔽接地，防静电接地等混接；也不能与 PE 线连接。在高压系统里，采用中性点接地方式可使接地继电保护动作准确并消除单相电弧接地过电压。中性点接地可以防止零序电压偏移，保持三相电压基本平衡，这对于低压系统很有意义，可以方便使用单相电源。

2. 安全保护接地

安全保护接地就是将电气设备不带电的金属部分与接地体之间作良好的金属连接。即将大楼内的用电设备以及设备附近的一些金属构件，用 PE 线连接起来，但严禁将 PE 线与 N 线连接。

在现代建筑内，要求安全保护接地的设备非常多，有强电设备，弱电设备，以及一些非带电导电设备与构件，均必须采取安全保护接地措施。当没有做安全保护接地的电气设备的绝缘损坏时，其外壳有可能带电。如果人体触及此电气设备的外壳就可能被电击伤或造成生命危险。我们知道：在一个并联电路中，通过每条支路的电流值与电阻的大小成反比，即接地电阻越小，流经人体的电流越小，通常人体电阻要比接地电阻大数百倍，经过人体的电流也比流过接地体的电流小数百倍。当接地电阻极小时，流过人体的电流几乎等于零。实际上，由于接地电阻很小，接地短路电流流过时所产生的压降很小，所以设备外壳对大地的电压是不高的。人站在大地上去碰触设备的外壳时，人体所承受的电压很低，不会有危险。加装保护接地装置并且降低它的接地电阻，不仅是保障智能建筑电气系统安全运行的有效措施，也是保障非智能建筑内设备及人身安全的必要手段。

3. 屏蔽接地与防静电接地

在现代建筑中，屏蔽及其正确接地是防止电磁干扰的最佳保护方法。可将设备外壳与PE线连接；导线的屏蔽接地要求屏蔽管路两端与PE线可靠连接；室内屏蔽也应多点与PE线可靠连接。防静电干扰也很重要。

在洁净、干燥的房间内，人的走步、移动设备，各自摩擦均会产生大量静电。例如，在相对湿度10%—20%的环境中人的走步可以积聚3.5万伏的静电电压、如果没有良好的接地，不仅仅会产生对电子设备的干扰，甚至会将设备芯片击坏。将带静电物体或有可能产生静电的物体（非绝缘体）通过导静电体与大地构成电气回路的接地叫防静电接地。防静电接地要求在洁静干燥环境中，所有设备外壳及室内（包括地坪）设施必须均与PE线多点可靠连接。智能建筑的接地装置的接地电阻越小越好，独立的防雷保护接地电阻应≤10Ω；独立的安全保护接地电阻应≤4Ω；独立的交流工作接地电阻应≤4Ω；独立的直流工作接地电阻应≤4Ω；防静电接地电阻一般要求≤100Ω。

4. 直流接地

在一幢智能化楼宇内，包含有大量的计算机，通信设备和带有电脑的大楼自动化设备。在这些电子设备在进行输入信息，传输信息，转换能量，放大信号，逻辑动作，输出信息等一系列过程中都是通过微电位或微电流快速进行，且设备之间常要通过互联网络进行工作。因此为了使其准确性高，稳定性好，除了需有一个稳定的供电电源外，还必须具备一个稳定的基准电位。可采用较大截面的绝缘铜芯线作为引线，一端直接与基准电位连接，另一端供电子设备直流接地。该引线不宜与PE线连接，严禁与N线连接。

5. 防雷接地

智能化楼宇内有大量的电子设备与布线系统、如通信自动化系统、火灾报警及消防联动控制系统、楼宇自动化系统、保安监控系统、办公自动化系统、闭路电视系统等，以及他们相应的布线系统。这些电子设备及布线系统一般均属于耐压等级低，防干扰要求高，最怕受到雷击的部分。不管是直击，串击，反击都会使电子设备受到不同程度的损坏或严重干扰。因此智能化楼宇的所有功能接地，必须以防雷接地系统为基础，并建立严密，完整的防雷结构。

智能建筑多属于一级负荷，应按一级防雷建筑物的保护措施设计，接闪器采用针带组合接闪器，避雷带采用 25×4（mm）镀锌扁钢在屋顶组成≤10×10（m）的网格，该网格与屋面金属构件作电气连接，与大楼柱头钢筋作电气连接，引下线利用柱头中钢筋，圈梁钢筋，楼层钢筋与防雷系统连接，外墙面所有金属构件也应与防雷系统连接，柱头钢筋与接地体连接，组成具有多层屏蔽的笼形防雷体系。这样不仅可以有效防止雷击损坏楼内设备，而且还能防止外来的电磁干扰。

第四章　火电厂高压配电设备

第一节　绝缘子、母线、电缆和架空线

一、绝缘子

绝缘子广泛应用在火电厂的配电装置、变压器、开关电器及输电线路上，用来支持和固定裸载流导体，并使裸载流导体与地绝缘，或使处于不同电位的载流导体之间绝缘。因此，绝缘子应具有足够的绝缘强度、机械强度、耐热性和防潮性。

绝缘子按其额定电压可分为高压绝缘子（500V以上）和低压绝缘子（500V及以下）两种，按安装地点可分为户内式和户外式两种，按结构形式和用途可分为支柱式、套管式及盘形悬式三种。

（一）高压绝缘子

高压绝缘子主要由绝缘件和金属附件两部分组成。绝缘件通常用电工瓷制成，电工瓷具有结构紧密均匀、绝缘性能稳定、机械强度高和不吸水等优点。金属附件的作用是将绝缘子固定在支架上和将载流导体固定在绝缘子上，装在绝缘件的两端，两者通常用水泥胶合剂胶合在一起。绝缘瓷件的外表面涂有一层棕色或白色的硬质瓷釉，以提高其绝缘、机械和防水性能；金属附件皆作镀锌处理，以防其锈蚀；胶合剂的外露表面涂有防潮剂，以防止水分侵入。

高压绝缘子应能在超过其额定电压15%的电压下可靠地运行。下面介绍几种常见绝缘子。

（二）支柱绝缘子

户内式支柱绝缘子分内胶装、外胶装、联合胶装3种，户外式支柱绝缘子分针式和棒式2种。

（1）户内式支柱绝缘子。户内式支柱绝缘子主要应用在3～35kV的屋内配电装置。

(2) 户外式支柱绝缘子。户外式支柱绝缘子主要应用在 6kV 及以上屋外配电装置。由于工作环境条件的要求，户外式支柱绝缘子有较大的伞裙，用以增大沿面放电距离，并能阻断水流，保证绝缘子在恶劣的雨、雾气候下可靠地工作。

（三）盘形悬式绝缘子

悬式绝缘子主要应用在 35kV 及以上屋外配电装置和架空线路上。按其帽及脚的连接方式，分为球形和槽形两种。

在实际应用中，悬式绝缘子根据装置电压的高低组成绝缘子串。这时，一片绝缘子的脚 3 的粗头穿入另一片绝缘子的帽 2 内，并用特制的弹簧锁锁住。每串绝缘子的数目为 35kV 不少于 3 片，110kV 不少于 7 片，220kV 不少于 13 片，330kV 不少于 19 片，500kV 不少于 24 片。对于容易受到严重污染的装置，应选用防污悬式绝缘子。

（四）套管绝缘子

套管绝缘子用于母线在屋内穿过墙壁或天花板，以及从屋内向屋外引出，或使有封闭外壳的电器（如断路器、变压器等）的载流部分引出壳外。套管绝缘子也称穿墙套管，简称套管。

穿墙套管按安装地点可分为户内式和户外式两种，按结构形式可分为带导体型和母线型两种。带导体型套管，其载流导体与绝缘部分制成一个整体，导体材料有铜和铝两种，导体截面有矩形和圆形两种；母线型套管本身不带载流导体，安装使用时，将载流母线装于套管的窗口内。

二、母线

（一）母线材料

常用的母线材料有铜、铝和铝合金。

铜的电阻率低、机械强度大、抗腐蚀性强，是很好的母线材料。但铜在工业上有很多重要用途，而且我国铜的储量不多，价格高。因此，铜母线只用在持续工作电流较大，且位置特别狭窄的发电机、变压器出口处，以及污秽对铝有严重腐蚀而对铜腐蚀较轻的场所（例如沿海、化工厂附近等）。

铝的电阻率为铜的 1.7~2 倍，但密度只有铜的 30%，在相同负荷及同一发热温度下，所耗铝的质量仅为铜的 40%~50%，而且我国铝的储量丰富，价格低。因此，铝母线广泛用于屋内、外配电装置。铝的不足之处是：①机械强度较低；②在常温下其表面会迅速生成一层电阻率很大（达 $10^{10}\Omega \cdot m$）的氧化铝薄膜，且不易清除；③抗腐蚀性较差，铝、铜连接时，会形成电位差（铜正、铝负），当接触面之间渗入含有溶解盐的水分（即电解液）时，可生成引起电解反应的局部电流,铝会被强烈腐蚀,使接触电阻更大,造成运行中温度增高,高温下腐蚀更会加快,这样的恶性循环致使接触处温度更高。所以,在铜、铝连接时,需要采用铜、铝过渡接头,或在铜、铝的接触表面镀锡。

(二)敞露母线

(1)矩形母线。一般用于 35kV 及以下、持续工作电流在 4000A 及以下的配电装置中。矩形母线散热条件较好,便于固定和连接,但集肤效应较大。为增加散热面,减少集肤效应,并兼顾机械强度,其短边与长边之比通常为 1/12~1/5,单条截面积最大不超过 1250mm²。当电路的工作电流超过最大截面的单条母线的允许载流量时,每相可用 2~4 条并列使用,条间净距离一般为一条的厚度,以保证较好地散热。每相条数增加时,因散热条件差及集肤效应和邻近效应影响,允许载流量并不成正比增加,当每相有 3 条及以上时,电流并不在条间平均分配(例如每相有 3 条时,电流分配为中间条约占 20%,两边条约各占 40%),所以,每相不宜超过 4 条。矩形母线平放较竖放允许载流量低 5%~8%。

(2)槽形母线。一般用于 35kV 及以下、持续工作电流为 4000~8000A 的配电装置中。槽形母线是将铜材或铝材轧制成槽形截面,使用时,每相一般由两根槽形母线相对地固定在同一绝缘子上。其集肤效应系数较小、机械强度高、散热条件较好。与利用几条矩形母线比较,在相同截面下允许载流量大得多。

(3)管形母线。一般用于 110kV 及以上、持续工作电流在 8000A 以上的配电装置中。管形母线一般采用铝材。管形母线的集肤效应系数小,机械强度高;管内可通风或通水改善散热条件,其载流能力随通入冷却介质的速度而变;由于其表面圆滑,电晕放电电压高(即不容易发生电晕),与采用软母线相比,具有占地少、节省钢材和基础工程量、布置清晰、运行维护方便等优点。

(4)绞线圆形软母线。常用的绞线圆形软母线有钢芯铝绞线、组合导线。钢芯铝绞线由多股铝绞线绕在单股或多股钢线的外层构成,一般用于 35kV 及以上屋外配电装置;组合导线由多根铝绞线固定在套环上组合而成,常用于发电机与屋内配电装置或屋外主变压器之间的连接。软母线一般为三相水平布置,用悬式绝缘子悬挂。

三、电力电缆

电力电缆线路是传输和分配电能的一种特殊电力线路,它可以直接埋在地下或敷设在电缆沟、电缆隧道中,也可以敷设在水中或海底。与架空线路相比，虽然具有投资多、敷设麻烦、维修困难、难于发现和排除故障等缺点，但它具有防潮、防腐、防损伤、运行可靠、不占地面、不妨碍观瞻等优点，所以应用广泛。特别是在有腐蚀性气体和易燃、易爆的场所及不宜架设架空线路的场所（如厂区内城市中），只能敷设电缆线路。

（一）电缆分类

常用的电力电缆，按其绝缘和保护层的不同，有以下几类：

（1）油浸纸绝缘电缆，适用于35kV及以下的输配电线路。

（2）聚氯乙烯绝缘电缆（简称塑力电缆），适用于6kV及以下的输配电线路。

（3）交联聚乙烯绝缘电缆（简称交联电缆），适用于1～110kV的输配电线路。

（4）橡皮绝缘电缆，适用于6kV及以下的输配电线路，多用于厂矿车间的动力干线和移动式装置。

（5）高压充油电缆，主要用于110～330kV变、配电装置至高压架空线及城市输电系统之间的连接线。

（二）结构及性能

按电力电缆的分类分别介绍如下：

（1）油浸纸绝缘电缆。其结构最为复杂：①载流导体通常用多股铜（铝）绞线，以增加电缆的柔性，据导体芯数的不同分为单芯、三芯和四芯；②绝缘层用来使各导体之间及导体与铅（铝）套之间绝缘；③内护层用来保护绝缘不受损伤，防止浸渍剂的外溢和水分侵入；④外护层包括铠装层和外被层，用来保护电缆，防止其受外界的机械损伤及化学腐蚀。

油浸纸绝缘电缆的主绝缘是用经过处理的纸浸透电缆油制成，具有绝缘性能好、耐热能力强、承受电压高、使用寿命长等优点。按绝缘纸浸渍剂的浸渍情况，它又分黏性浸渍电缆和不滴流电缆。

①黏性浸渍电缆是将电缆以松香和矿物油组成的黏性浸渍剂充分浸渍，即普通油浸纸绝缘电缆，其额定电压为1～35kV；②不滴流电缆采用与黏性浸渍电缆完全相同的结构尺寸，但是以不滴流浸渍剂的方法制造，敷设时不受高差限制。

（2）聚氯乙烯绝缘电缆。其主绝缘采用聚氯乙烯，内护套大多也是采用聚氯乙烯，具有电气性能好、耐水、耐酸碱盐、防腐蚀、机械强度较好、敷设不受高差限制等优点，并可逐步取代常规的纸绝缘电缆。其缺点主要是绝缘易老化。

（3）交联聚乙烯绝缘电缆。交联聚乙烯是利用化学或物理方法，使聚乙烯分子由直链状线型分子结构变为三维空间网状结构。该型电缆具有结构简单、外径小、质量小、耐热性能好、线芯允许工作温度高（长期 90℃，短路时 250℃）、载流量大、可制成较高电压级、机械性能好、敷设不受高差限制等优点，并可逐步取代常规的纸绝缘电缆。交联聚乙烯绝缘电缆比纸绝缘电缆结构简单，例如 YJV22 型电缆结构，由内到外依次为：铜芯、交联聚乙烯绝缘层、聚氯乙烯内护层、钢带铠装层及聚氯乙烯外被层。

(4) 橡皮绝缘电缆。其主绝缘是橡皮，优点是性质柔软、弯曲方便，缺点是耐压强度不高、遇油变质、绝缘易老化、易受机械损伤等。

(5) 高压单芯充油电缆。充油电缆在结构上的主要特点是铅套内部有油道，油道由缆芯导线或扁铜线绕制成的螺旋管构成。在单芯电缆中，油道就直接放在线芯的中央，在三芯电缆中，油道放在芯与芯之间的填充物处。

充油电缆的纸绝缘用黏度很低的变压器油浸渍，油道中也充满这种油。在连接盒和终端盒处装有压力油箱，以保证油道始终充满油，并保持恒定的油压。当电缆温度下降时，油的体积收缩时，油道中的油不足时，由油箱补充；当电缆温度上升时，油的体积膨胀时，油道中多余的油流回油箱内。

四、架空线

架空线路主要由导线、避雷线、杆塔、绝缘子及金具等组成，是实现远距离传输电能的载体，要求架空线具备足够的机械强度、抗腐蚀性能和导电性能。架空线的材料有铝（L）、铜（T）、钢（G）等。常用的架空线为钢心铝绞线，铝线在外层起导电作用，钢线在里面承担机械载荷。其结构形式主要包括以下几类：

(1) 普通的铝绞线（LJ）和铜绞线（TJ）；
(2) 普通钢芯铝绞线，LGJ，铝/钢＝5.3～6.0；
(3) 加强型钢芯铝绞线，LGJJ，铝/钢＝4.3～4.4；
(4) 轻型钢心铝绞线，LGJQ，铝/钢＝8.0～8.1。

第二节 隔离开关、熔断器和负荷开关

一、隔离开关

(一) 隔离开关的作用

隔离开关的作用是：①在检修电气设备时用来隔离电源，使检修的设备与

带电部分之间有明显可见的断口。②在改变设备状态（运行、备用、检修）时用来配合断路器协同完成倒闸操作。③用来分、合小电流。例如分、合电压互感器、避雷器和空载母线，分、合励磁电流不超过2A的空载变压器，关合电容电流不超过5A的空载线路。④隔离开关的接地开关可代替接地线，保证检修工作安全。隔离开关没有灭弧装置，不能用来接通和断开负荷电流和短路电流，一般只能在电路断开的情况下操作。

（二）隔离开关的种类

隔离开关的种类很多，按装设地点可分为户内式和户外式，按产品组装极数可分为单极式（每相单独装于一个底座上）和三极式（三相装于同一底座上），按每极绝缘支柱数目可分为单柱式、双柱式、三柱式等。

二、熔断器

（一）熔断器的作用

熔断器是结构最简单和使用最早的一种保护电器，用来保护电路中的电气设备，使它们免受过载和短路电流的危害。熔断器不能用来正常地切断和接通电路，必须与其他电器（隔离开关、接触器、负荷开关等）配合使用，广泛使用在电压为1000V及以下的低压配电装置中。熔断器具有结构简单、价格低廉、维护方便、使用灵活等优点，但其容量小，保护特性不稳定。在电压为3~110kV高压配电装置中，它主要作为小功率电力线路、配电变压器、电力电容器、电压互感器等设备的保护电器。

当电路发生短路故障时，其短路电流增长到最大值有一定时限。如果熔断器的熔断时间（包括熄弧时间）小于短路电流达到最大值的时间，即可认为熔断器限制了短路电流的发展，此种熔断器称为限流熔断器，否则为不限流熔断器。用限流熔断器保护的电气设备，遭受短路损害程度可大为减轻，且可不用校验热稳定性和动稳定性。

（二）主要技术参数

熔断器的主要技术参数包括：

(1) 熔断器的额定电流，或称熔管额定电流，是指熔断器壳体的载流部分和接触部分设计时的电流；

(2) 熔体的额定电流，是指熔体本身设计时的电流，即长期通过熔体，而熔体不致熔断的最大电流；

(3) 熔断器的极限分断电流，指熔断器所能切断的最大电流。

在同一熔断器内，通常可分别装入额定电流不大于熔断器本身额定电流的任何熔体。

（三）户内高压熔断器

户内高压熔断器主要有 RN1 及 RN2 型 2 种。RN1 型熔断器适用于 3～35kV 的电力线路和电力变压器的过载和短路保护，RN2 型专门用于 3～35kV 电压互感器的短路保护，二者的结构基本相同。

RN1 型熔断器外形如图 4－1 所示，它由瓷质熔管 1、触座 2、支柱绝缘子 3 及底座 4 组成。

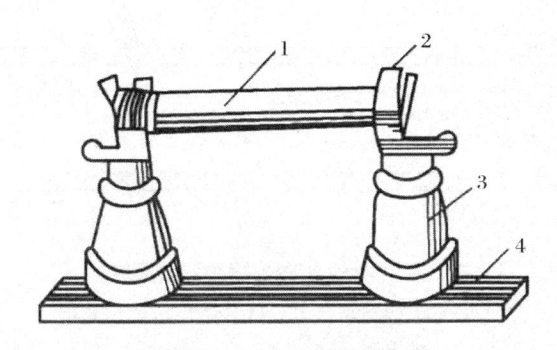

图 4－1　RN1 型熔断器外形
1—瓷质熔管；2—触座；3—绝缘子；4—底座

RN2 型熔断器的熔体由三种不同截面的铜丝连接而成，绕在陶瓷芯上，但无指示器。运行中，根据声光信号及电压互感器二次电路中仪表指示的消失来判断高压熔体是否熔断。

如图 4－2 所示为 RN1 型熔断器的充满石英砂的密封瓷质熔管的剖面图。熔管 1 两端有黄铜罩 2。工作熔体 5 的额定电流小于 7.5A，采用镀银的铜丝，将一根或几根铜丝并联，绕在陶瓷芯上，以保持在熔管内的准确位置，在铜丝上焊有小锡球 6，如图 4－2（a）所示。额定电流大于 7.5A 的熔体，由两种不同直径的铜丝做成螺旋形，连接处焊上小锡球，如图 4－2（b）所示。指示器熔体 8 是一根细钢丝。熔体两端焊接在管盖 3 上。熔管内装好熔体和充满石英砂填料 7 后，两端焊上管盖密封。其灭弧原理与低压熔断器基本相同。

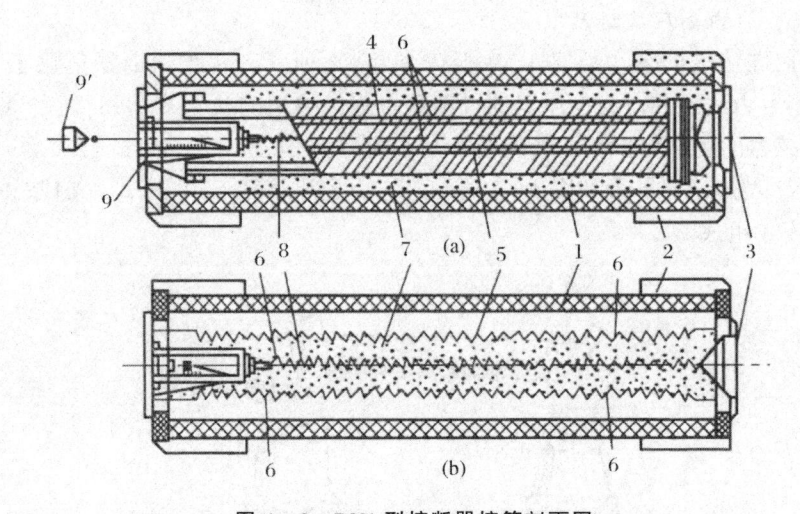

图 4—2　RN1 型熔断器熔管剖面图

(a) 熔体绕在陶瓷芯上；(b) 熔体做成螺旋形

1—瓷质熔管；2—黄铜罩；3—管盖；4—陶瓷芯；5—工作熔体；

6—小锡球；7—石英砂；8—指示器熔体；9—熔断指示器

（四）户外高压熔断器

户外高压熔断器型号较多，按其结构可分为跌落式和支柱式两种，常用跌落式。

跌落式熔断器主要用于 3～35kV 的电力线路和电力变压器的过载和短路保护。RW3—10Ⅱ型跌落式熔断器的基本结构如图 4—3 所示。熔断器通过紧固板 7 固定安装在线路中，熔管呈倾斜状态；熔管外层由层卷纸板制成，内衬为由产气材料（石棉）制成的消弧管；熔体两端焊在编织导线上，并穿过熔管 1 用螺钉固定在上、下触头上。正常工作时编织导线处于拉紧状态，使熔管上部的活动关节锁紧，在上触头的压力下处于合闸状态。

当熔体熔断时，熔管内产生电弧，因消弧管的石棉具有吸湿性，所含水分在电弧高温下蒸发并分解出氢气，使管内压力升高并从管的两端向外喷出，使电弧产生强烈的去游离；同时上部锁紧机构释放熔管，在触头弹力及熔管自重作用下，回转跌落，迅速拉长电弧，在电流过零时电弧熄灭，形成明显的可见断口。

有些熔断器（如 RW4 型）采用了"逐级排气"的结构，其熔管上端有管帽（磷铜膜片），分断小故障电流时，消弧管产生的气体较少。但由于上端封闭而使管内保持较大压力，并形成向下的单端排气（纵吹），有利于熄灭小故障电流产生的电弧。而在分断大电流时，消弧管产生大量气体，上端管帽被冲开，而形成两端排气，以免造成熔断器机械破坏，有效地解决了自产气电器分断大、小电流的矛盾。由于跌落式熔断器在灭弧时会喷出大量游离气体，外部声光效应大，所以一般只用于户外。这种熔断器没有限流作用。

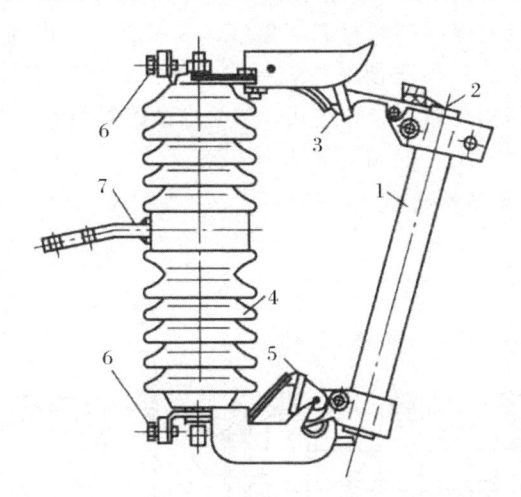

图 4-3 RW3-10Ⅱ型跌落式熔断器结构
1—熔管；2—熔体元件；3—上触头；
4—绝缘子；5—下触头；6—接线端；7—紧固板

三、负荷开关

（一）负荷开关的作用

高压负荷开关主要用来接通和断开正常工作电流，但本身不能开断短路电流。带有热脱扣器的负荷开关还具有过载保护功能。

35kV 及以下通用型负荷开关具有以下开断和关合能力：
(1) 开断不大于其额定电流的有功负荷电流和闭环电流。
(2) 开断不大于 10A 的电缆电容电流或限定长度的架空线充电电流。
(3) 开断 1250kVA（有些可达 1600kVA）及以下变压器的空载电流。
(4) 关合不大于其"额定短路关合电流"的短路电流。

可见，负荷开关的作用介于断路器和隔离开关之间。多数负荷开关实际上是由隔离开关和简单的灭弧装置组合而成，但灭弧能力是根据通、断的负荷电流，而不是根据短路电流设计，也有少数负荷开关不带隔离开关。通常负荷开关与熔断器配合使用，若制成带有熔断器的负荷开关可以代替断路器使用，而且具有结构简单、动作可靠、造价低廉等优点，所以被广泛应用于 10kV 及以下小功率的电路中作为手动控制设备。

（二）负荷开关的类型

负荷开关按安装地点可分为户内式和户外式两类；按是否带有熔断器可分为不带熔断器和带有熔断器两类；按灭弧原理和灭弧介质可分为：①固体产气式。利用电弧能量使固体产气材料产生气体来吹弧，使电弧熄灭。②压气式。利用活塞压气作用产生气吹使电弧熄灭，其气体可以是空气或SF6气体。③油浸式。与油断路器类似。④真空式。与真空断路器类似，但选用截流值较小的触头材料。⑤SF6式。在SF6气体中灭弧。

（三）负荷开关的结构

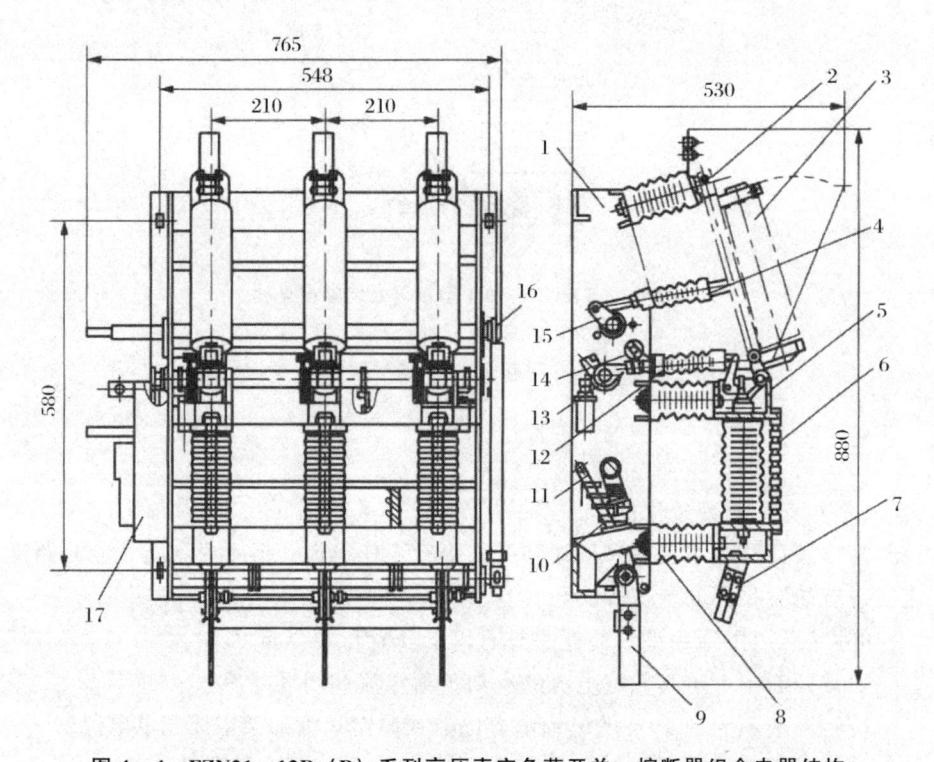

图4－4 FZN21－12D（R）系列高压真空负荷开关－熔断器组合电器结构

1—框架；2—隔离开关；3—熔断器；4—绝缘拉杆；5—上支架；
6—真空开关灭弧室；7—接地开关静触头；8—绝缘子；9—接地开关；
10—接地弹簧；11—分闸弹簧；12—绝缘拉杆；13—主轴；
14—脱扣机构；15—副轴；16—连动拉杆；17—操动机构

如图4－4所示为FZN21－12DR型负荷开关－熔断器组合电器（简称F－C）。其熔断器可直接操作，不另带隔离开关。它主要由框架1、隔离开关2（对应FZN21－12D型）或熔断器3（对应FZN21－12DR型）、真空开关灭弧室 6、接地开关 9 及弹簧操动机构 17 等组成。隔离开关（或熔断器）上端静触头座通过绝缘子固定在框架上，下端固定在真空灭弧室的上支架上；真空灭弧室通过绝缘子紧固在上、下支架间，并加装有绝缘柱支撑，以增加整体结构的稳定性；接地开关装于真空灭弧室下端；操动机构装于框架左侧。隔离开关、真空开关、接地开关之间互相连锁（机械连锁），可防误操作，即隔离开关只能在真空开关已分闸，且机构已复位的条件下才可进行分、合操作；接地开关只能在隔离开关分闸后，才可进行分、合操作。

处于合闸状态的 FZN21－12DR 型负荷开关，当短路电流或过负荷电流流过主回路时，熔断器一相或几相熔断，其撞击器动作使真空负荷开关在分闸弹簧作用下自动快速分闸。

第三节 高压断路器

高压断路器是电力系统最重要的控制设备和保护设备，其功能是接通和断开正常工作电流、过负荷电流和故障电流，是开关电器中最为完善的一种设备。

一、高压断路器的基本结构

虽然高压断路器有多种类型，具体结构不同，但其基本结构类似，如图 4－5 所示。基本结构主要包括电路通断元件 1、绝缘支撑元件 2、操动机构 3 及基座 4 等几部分。电路通断元件是其关键部件，安装在绝缘支撑元件上，承担着接通和断开电路的任务，它由接线端子、导电杆、动、静触头及灭弧室等组成。绝缘支撑元件安装在基座上，起着固定通断元件的作用，并使其带电部分与地绝缘；操动机构起控制通断元件的作用，当操动机构接到合闸或分闸命令时，操动机构动作，经中间传动机构驱动触头，实现断路器的合闸或分闸。

断路器中的灭弧室，按灭弧的能源来源可分为两大类：

（1）自能式灭弧室。主要利用电弧本身能量来熄灭电弧的灭弧室称为自能式灭弧室，如油断路器的灭弧室。这类断路器的开断性能与被开断电流的大小有关。在其额定开断电流以内，被开断的电流愈大，电弧能量愈大，灭弧能力愈强，燃弧时间也愈短；而被开断的电流较小时，灭弧能力较差，燃弧时间反而较长，所以存在临界开断电流（对应最大燃弧时间的开断电流）。

（2）外能式灭弧室。主要利用外部能量来熄灭电弧的灭弧室称为外能式灭弧室，如压气式 SF6 断路器、压缩空气断路器的灭弧室。这类断路器的开断性能主要与外部供给的灭弧能量有关。在开断大、小电流时，外部供给的灭弧能量基本不变，因此燃弧时间较稳定。

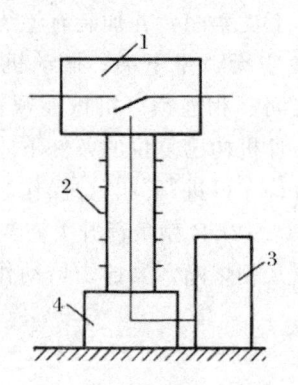

图 4－5　断路器基本结构示意图
1—通断元件；2—绝缘支撑元件；3—操动机构；4—基座

二、高压断路器的分类

高压断路器按安装地点可分为户内型和户外型两种，按灭弧介质及灭弧原理可分为六氟化硫（SF6）断路器、真空断路器、油断路器（又分为多油和少油）、空气断路器等。

三、SF6 断路器

SF6 断路器是指采用 SF6 气体作为灭弧介质的断路器。20 世纪 70 年代之后在我国得到迅速发展，目前 SF6 断路器已成为我国高压断路器的首选品种。

某火电厂 1000MW 机组配套的 500kV 的 SF6 断路器的技术参数如表 4－1 所示。

表 4－1　　　　某电厂 500kV 的 SF6 断路器的技术参数

序号	参数名称	技术参数
1	断路器形式	瓷柱式
2	额定电压	550kV
3	额定电流	4000A
4	额定频率	50Hz
5	额定自动重合闸操作顺序	O—0.3s—CO—180s—CO
6	开断时间	≤40ms

续表

序号	参数名称	技术参数
7	固有分闸时间	18±2ms
8	合闸时间	≤65ms
9	重合闸无电流间隔时间	0.3s 及以上可调
10	合分时间	34～44ms
11	额定短路开断电流	63kA
12	额定峰值耐受电流	172.6kA
13	额定关合电流	172.6kA
14	开断100%额定短路开断电流次数	≥33 次
15	SF6断路器的正常压力参数（表压）	0.7MPa

（一）SF6 气体的性能

1. 物理化学性质

（1）SF6 分子是以硫原子为中心、六个氟原子对称地分布在周围形成的正八面体结构。氟原子有很强的吸附外界电子的能力，SF6 分子在捕捉电子后成为低活动性的负离子，对去游离有利；另外，SF6 分子的直径较大（0.456nm），使得电子的自由行程减小，从而减少碰撞游离的发生。

（2）SF6 为无色、无味、无毒、不可燃、不助燃的非金属化合物，在常温常压下，其密度约为空气的 5 倍，常温下压力不超过 2MPa 时仍为气态。其总的热传导能力远比空气要好。

（3）SF6 的化学性质非常稳定。在干燥情况下，温度低于 110℃时，与铜、铝、钢等材料都不发生作用；温度高于 150℃时，与钢、硅钢开始缓慢作用；温度高于 200℃时，与铜、铝发生轻微作用；温度达 500～600℃时，与银也不发生作用。

（4）SF6 的热稳定性极好，但在有金属存在的情况下，热稳定性大为降低。它开始分解的温度为 150～200℃，其分解随温度升高而加剧。当温度到达 1227℃时，分解物主要是有剧毒的 SF4；在 1227～1727℃时，分解物主要是 SF4 和 SF3；超过 1727℃时，分解为 SF_2 和 SF。

在电弧或电晕放电中，SF6 将分解。由于金属蒸汽参与反应，生成金属氟化物和硫的低氟化物。当 SF6 气体含有水分时，还可能生成 HF（氟化氢）或 SO_2，对绝缘材料、金属材料都有很强的腐蚀性。

2. 绝缘和灭弧性能

基于 SF6 的上述物理化学性质，SF6 具有极为良好的绝缘性能和灭弧能力。

（1）绝缘性能。SF6 气体的绝缘性能稳定，不会老化变质。当气压增大时，其绝缘能力也随之提高。在 0.1MPa 下，SF6 的绝缘能力超过空气的 2 倍；在 0.3MPa 时，其绝缘能力和变压器油相当。

（2）灭弧性能。SF6 在电弧作用下接受电能而分解成低氟化合物，但需要的分解能却比空气高得多，因此，SF6 分子在分解时吸收的能量多，对弧柱的冷却作用强。当电弧电流过零时，低氟化合物则急速再结合成 SF6，故弧隙介质强度恢复过程极快。另外，SF6 中电弧的电压梯度比空气中的约小 3 倍，因此，SF6 气体中电弧电压也较低，即燃弧时的电弧能量较小，对灭弧有利。所以，SF6 的灭弧能力相当于同等条件下空气的 100 倍。

（二）SF6 断路器灭弧室工作原理

SF6 断路器灭弧室有双压式和单压式两种结构。以下以单压式为例介绍其工作原理。

单压式灭弧室是根据活塞压气原理工作的，因此又称压气式灭弧室。平时灭弧室中只有一种压力（一般为 0.3～0.7MPa）的 SF6 气体，起绝缘作用。开断过程中，灭弧室所需的吹气压力由动触头系带动压气缸对固定活塞相对运动产生，就像打气筒一样。其 SF6 气体同样是在封闭系统中循环使用，不能排向大气。这种灭弧装置结构简单、动作可靠。我国研制的 SF6 断路器均采用单压式灭弧室。

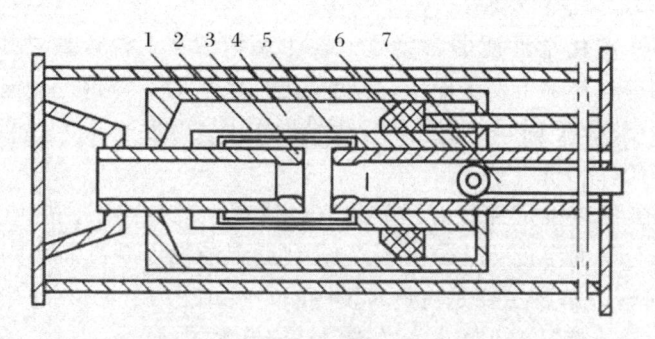

图 4—6 定开距灭弧室结构示意图
1—压气缸；2—动触头；3、5—静触头；
4—压气室；6—固定活塞；7—拉杆

单压式灭弧室又分定开距和变开距两种。如图 4—6 所示为定开距灭弧室结构示意图（合闸状态）。断路器的触头由两个带喷嘴的空心静触头 3、5 和动触头 2 组成。断路器弧隙由两个静触头保持固定的开距，故称为定开距灭弧室。由于 SF6 的灭弧和绝缘能力强，所以开距一般不大。动触头与压气缸 1 连成一体，并与拉杆 7 连接，操动机构可通过拉杆带动动触头和压气缸左右运动。固定活塞由绝缘材料制成，它与动触头、压气缸之间围成压气室 4。

定开距灭弧室动作过程示意图如图 4—7 所示。图 4—7（a）为断路器处于合闸位置，这时动触头跨接于两个静触头之间，构成电流通路；分闸时，操动机构通过拉杆带着动触头和压气缸向右运动，使压气室内的 SF6 气体被压缩，压力约提高 1 倍左右，这一过程称压气过程或预压缩过程，如图 4—7（b）所示；当动触头离开静触头 3 时，产生电弧，同时将原来被动触头所封闭的压气缸打开，高压 SF6 气体迅速向两静触头内腔喷射，对电弧进行强烈的双向纵吹，如图 4—7（c）所示；当电弧熄灭后，触头处在分闸位置，如图 4—7（d）所示。这种灭弧室具有开距小、行程短、结构紧凑、动作迅速等优点，缺点是压气室的体积较大。

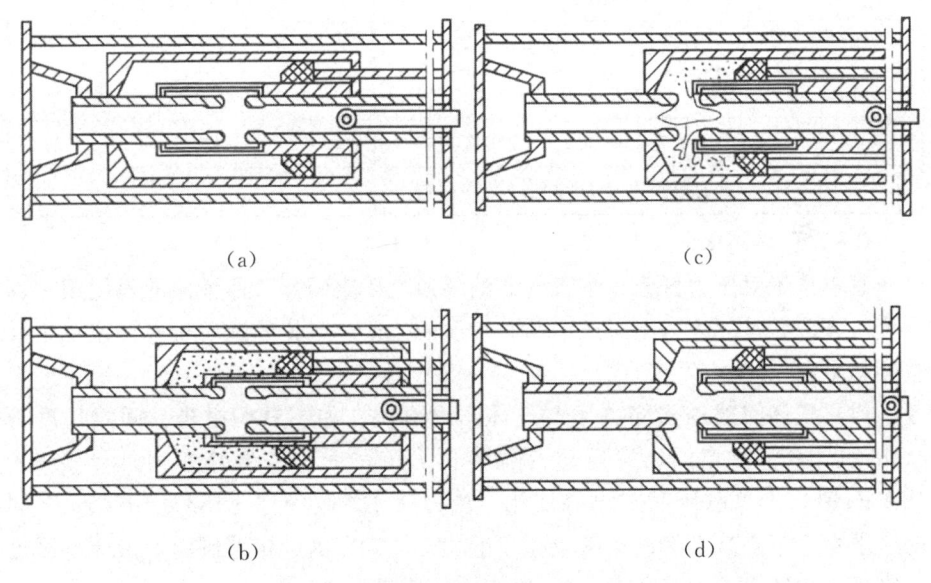

(a)

(c)

(b)

(d)

图 4—7　定开距灭弧室动作过程示意图
（a）合闸位置；（b）压气过程；（c）吹弧过程；（d）分闸位置

四、真空断路器

某火电厂 1000MW 机组配套的 10kV 的真空断路器的技术参数如表 4—2 所示。

表 4－2　　　某电厂 10kV 的真空断路器的技术参数

序号	参数名称	技术参数
1	断路器型号	VD4
2	额定电压（V）	10000
3	最高工作电压（V）	12000
4	频率（Hz）	50
5	额定电流（A）	3150/1600/1250
6	额定短路开断电流（kA）	40
7	4s 热稳定电流（kA）	40
8	关合电流能力（kA）	100
9	额定自动重合闸操作顺序	O—0.3s—CO—180s—CO
10	分闸时间（ms）	33～45
11	标称触头开断时间（ms）	15
12	合闸时间（ms）	55～67
13	额定电流时的允许操作次数	20000
14	额定短路电流时的允许操作次数	50

（一）真空气体的特性

真空指绝对压力低于 1 个大气压的稀薄气体空间。气体稀薄的程度用"真空度"表示，是气体的绝对压力与大气压的差值。气体的绝对压力值愈低，真空度就愈高。

（1）气体间隙的击穿电压与气体压力有关。如不锈钢电极、间隙长度为 1mm 时，真空间隙的击穿电压与气体压力的关系。在气体压力低于 133×10^{-4} Pa 时，击穿电压基本没有变化；压力在 $133\times10^{-4}\sim133\times10^{-3}$ Pa 之间时，击穿电压略有下降；在压力高于 133×10^{-3} Pa 的一定范围内，击穿电压迅速降低；在压力约为 1000Pa 时，击穿电压达最低值。

（2）这里所指的真空是气体压力在 133×10^{-4} Pa 以下的空间，真空断路器灭弧室内的气体压力不能高于这一数值，一般出厂时在 133×10^{-7} Pa 以下。在这种空间内，气体绝缘强度很高，电弧很容易熄灭。在均匀电场作用下，真空的绝缘强度比变压器油、0.1MPa 下的 SF6 及空气的绝缘强度都高得多。

（3）真空间隙的气体稀薄，分子的自由行程大，发生碰撞的概率小。因此，碰撞游离不是真空间隙击穿的主要因素，在触头电极蒸发出来的金属蒸汽才是形成真空电弧的原因。因此，影响真空间隙击穿的主要因素除真空度外，还与电极材料、电极表面状况、真空间隙长度等有关。

用高机械强度、高熔点的材料作电极，击穿电压一般较高，目前使用最多的电极材料是以良导电金属为主体的合金材料。当电极表面存在氧化物、杂质、金属微粒和毛刺时，击穿电压会大大降低。当间隙较小时，击穿电压几乎与间隙长度成正比；当间隙长度超过10mm时，击穿电压上升趋势减缓。

（二）真空灭弧室结构和工作原理

真空灭弧室的结构示意图如图4－8所示，它由外壳、触头和屏蔽罩三大部分组成。

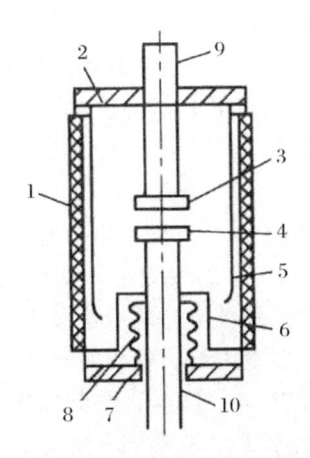

图4－8 真空灭弧室的结构示意图

1—绝缘筒；2—静端盖板；3—静触头；
4—动触头；5—屏蔽罩；6—波纹管屏蔽罩；7—动端盖板；
8—波纹管；9—静导电杆 10—动导电杆

1. 外壳

外壳是由绝缘筒1、静端盖板2、动端盖板7和波纹管8所组成的真空密封容器。外壳的作用是同时容纳和支持真空灭弧室内的各种零件。为保证真空灭弧室工作的可靠性，首先要求外壳有较高密封性能，其次是要有一定的机械强度。

（1）绝缘筒用硬质玻璃、高氧化铝陶瓷或微晶玻璃等绝缘材料制成。

（2）端盖常用不锈钢、无氧铜等金属制成。

（3）波纹管的功能是用来保证灭弧室完全密封，同时使操动机构的运动得以传到动触头上，有液压成形和膜片焊接两种形式。波纹管常用的材料有不锈钢、磷青铜、铍青铜等，以不锈钢性能最好。波纹管允许伸缩量应能满足触头最大开距的要求。触头每分、合一次，波纹管的波状薄壁就要产生一次大幅度的机械变形，很容易使波纹管因疲劳而损坏。通常，波纹管的疲劳寿命也决定了真空灭弧室的机械寿命。由于波纹管在轴向上可以伸缩，因此这种结构既能实现从灭弧室外操动动触头做分合运动，又能保证外壳的密封性。

2. 屏蔽罩

屏蔽罩装在动、静触头和波纹管周围，其主要作用是：①防止燃弧过程中电弧生成物喷溅到绝缘外壳的内壁上，引起其绝缘强度降低；②冷凝电弧生成物，吸收部分电弧能量，以利于弧隙介质强度的快速恢复；③改善灭弧室内部电场分布的均匀性，降低局部场强，促进真空灭弧室小型化。波纹管屏蔽罩用来保护波纹管免遭电弧生成物的烧损，防止电弧生成物凝结在波纹管表面上。

屏蔽罩采用导热性能好的材料制造，常用无氧铜、不锈钢和玻璃，其中铜最为常用。在一定范围内，金属屏蔽罩厚度的增加可以提高灭弧室的开断能力，但通常其厚度不超过 2mm。

3. 触头

静触头 3 固定在静导电杆 9 上，静导电杆穿过静端盖板 2 并与之焊成一体；动触头 4 固定在动导电杆 10 的一端上，动导电杆的中部与波纹管 8 的一个端口焊在一起，波纹管的另一端口与动端盖板 7 的中孔焊接，动导电杆从中孔穿出外壳；触头是真空灭弧室内最为重要的元件，真空灭弧室的开断能力和电气寿命主要由触头状况来决定。目前真空断路器的触头系统都是对接式接触。根据触头开断时灭弧的基本原理不同，可分为非磁吹触头和磁吹触头两大类。

第四节 互感器、滤过器和过滤器

一、互感器的作用

互感器是一次系统和二次系统间的联络元件，属于特种变压器，其作用为：

（1）电流互感器将一次交流系统的大电流变成二次交流系统的小电流（5A 或 1A），供电给测量仪表和保护装置的电流线圈；电压互感器将一次交流系统的高电压变成二次交流系统的低电压，供电给测量仪表和保护装置的电压线圈。互感器可使测量仪表和保护装置实现标准化和小型化，并降低二次电气设备造价。

(2) 使二次回路可采用低电压、小电流控制电缆，实现远方测量和控制。

(3) 使二次回路不受一次回路限制，接线灵活，维护、调试方便。

(4) 使二次设备与高压部分隔离，且互感器二侧均接地，从而保证设备和人身安全。

二、电流互感器

(一) 电流互感器的分类

1. 按装设地点分

(1) 户内式，多为35kV及以下。

(2) 户外式，多为35kV及以上。

2. 按安装方式分

(1) 穿墙式，装在墙壁或金属结构的孔中，可兼作穿墙套管。

(2) 支持式（或称支柱式），安装在平面或支柱上，有户内、户外式。

(3) 装入式，套装在35kV及以上变压器或断路器内的套管上，故也称为套管式。

3. 按一次绕组匝数分

(1) 单匝式，一次绕组为单根导体，又分贯穿式（一次绕组为单根铜杆或铜管）和母线式（以穿过互感器的母线作为一次绕组）。

(2) 复匝式（或称多匝式），一次绕组由穿过铁心的一些线匝制成。按一次绕组形式又可分线圈式、"8"字形、"U"字形等。

4. 按绝缘方式分

(1) 干式，用绝缘胶浸渍，用于户内低压。

(2) 浇注式，用环氧树脂作绝缘，浇注成型，目前仅用于35kV及以下的户内。

(3) 油浸式（瓷绝缘），多用于户外。

(4) 气体式，用SF_6气体绝缘，多用于110kV及以上的户外。

(二) 电流互感器的结构

电流互感器结构主要由一次绕组、二次绕组、铁心、绝缘等几部分组成。单匝和复匝式电流互感器结构如图4—9所示。此外，在同一回路中，往往需要很多电流互感器用于测量和保护，为了节约材料和投资，高压电流互感器常由多个没有磁联系的独立铁心和二次绕组与共同的一次绕组组成同一电流比、多二次绕组的结构，如图4—9（c）所示。对于110kV及以上的电流互感器，为了适应一次电流的变化和减少产品规格，常将一次绕组分成几组，通过切换来改变绕组的串、并联，以获得2～3种变流比。

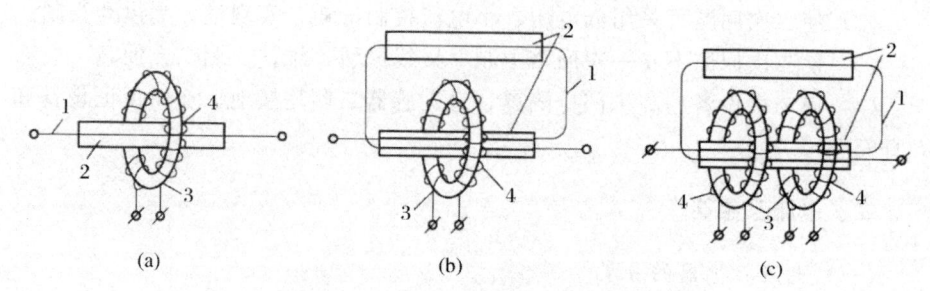

图 4-9 电流互感器结构示意图

(a) 单匝式；(b) 复匝式；(c) 具有两个铁心的复匝式

1—次绕组；2—绝缘；3—铁心；4—二次绕组

（三）电流互感器的接线方式

电气测量仪表接入电流互感器的常用接线方式如图 4-10 所示。

（1）单相接线。如图 4-10（a）所示，这种接线用于测量对称三相负荷中的一相电流。

（2）星形接线。如图 4-10（b）所示，这种接线用于测量三相负荷，监视每相负荷不对称情况。

（3）不完全星形接线。如图 4-10（c）所示，这种接线用于三相负荷对称或不对称系统中，供三相两元件功率表或电能表用。

上述 3 种接线也用于继电保护回路。另外，保护回路的电流互感器也有三角形接线、两相差接线及零序接线方式。

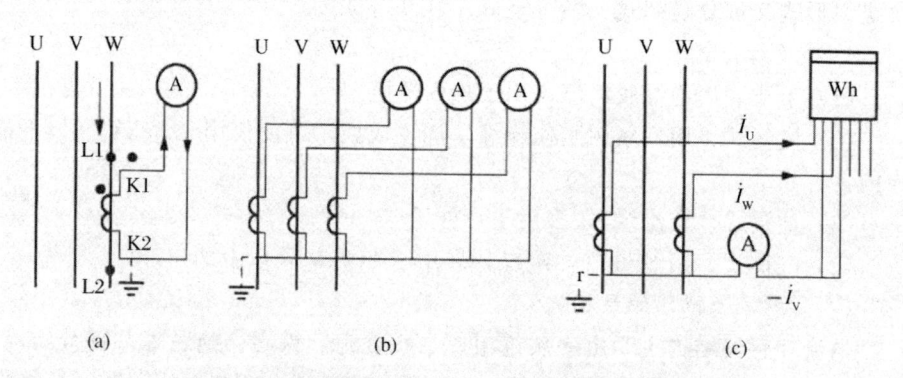

图 4-10 测量仪表接入电流互感器的常用接线方式

(a) 单相接线；(b) 星形接线；(c) 不完全星形接线

（四）电流互感器的允许运行方式

（1）允许运行容量。电流互感器应在铭牌规定的额定容量范围内运行。

（2）一次侧允许电流。允许在不大于 1.1 倍额定电流下长期运行。

（3）绝缘电阻允许值。在投运前，应测量绝缘电阻合格：

①一次侧用 2500V 绝缘电阻表测量，其绝缘电阻应不低于 1MΩ 且不低于前次测量值的 1/3；

②二次侧用 500～1000V 绝缘电阻表测量，其绝缘电阻应不低于 1MΩ，且不低于前次测量值的 1/3。

(4) 运行中电流互感器的二次侧不能开路，若工作需要断开二次回路时，在断开前应先将二次侧端子用连接片可靠短接。

(5) 二次绕组必须有一点接地。

(6) 互感器的油位应正常。

三、滤过器

在电气控制和保护的电路中，凡是能从复合的电气信号中滤出某一有用分量信号，并阻止其他信号通过的电器统称为滤过器。

如图 4-11 所示为零序电压滤过器的原理接线图，从 m、n 端子上得到的输出电压为

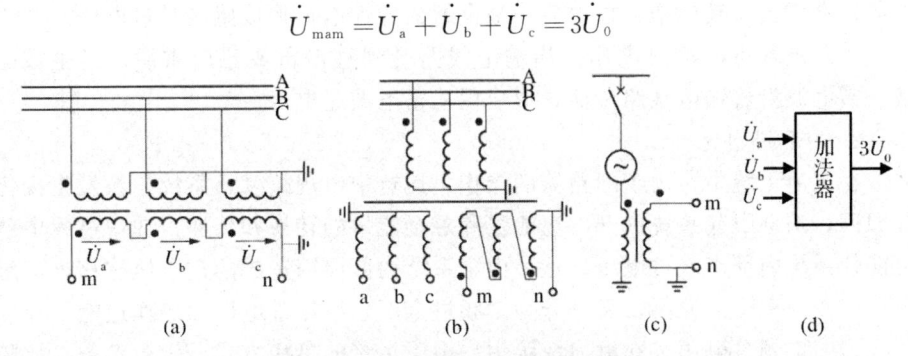

$$\dot{U}_{mam} = \dot{U}_a + \dot{U}_b + \dot{U}_c = 3\dot{U}_0$$

图 4-11 零序电压滤过器的接线图

(a) 用三个单相式电压互感器构成；(b) 用三相五柱式电压互感器构成；
(c) 用接于发电机中性点的电压互感器构成；(d) 在集成电路保护装置内部合成

第五节 过电压保护设备与接地装置

一、过电压保护设备

(一) 过电压的分类及特点

电气设备在运行中承受的过电压，主要有来自外部的雷电过电压和由于系统参数变化时电磁能量积聚引起的内部过电压两种类型。按其产生原因，可大

致分为以下类型：

1. 雷电过电压

由雷电现象所产生的过电压称为雷电过电压（也称大气过电压）。它又包括直击雷过电压、感应雷过电压和侵入雷电波过电压。

（1）直击雷过电压。雷电是雷云之间或雷云对大地的放电现象，雷云对大地的放电称为雷击。雷云对地面上的建筑物、输电线、电气设备或其他物体直接放电，称为直接雷击，简称直击雷。由于直击雷产生过电压极高，可达数百万到数千万伏，电流达几十万安，这样强大的雷电流通过这些物体入地，从而产生破坏性很强的热效应和机械效应，往往引起火灾、人畜伤亡、建筑物倒塌、电气设备的绝缘破坏等，所以必须采取措施，保护电气设备免遭直接雷击。

（2）感应雷过电压。由雷电的静电感应或电磁感应所引起的过电压，称为雷电感应过电压，也称感应雷过电压。当雷云靠近建筑物、输电线或电气设备时，由于静电感应，在建筑物、输电线或电气设备上便会有与雷云电荷异性的电荷，在雷云向其他地方放电后，被束缚的异性电荷形成感应雷过电压。

（3）侵入雷电波过电压。当输电线路受到直击雷或感应雷后，产生雷电波，雷电波沿着输电线路传播，形成侵入雷电波过电压。

2. 内部过电压

在电力系统中，由于断路器的操作、运行中出现故障，系统参数发生变化等原因，均会引起系统内部电场能量和磁场能量的转换和传递，在这过程中就可能使系统内部出现过电压。这种由于系统内部原因造成的过电压称作内部过电压。按其产生的原因，又可分为工频过电压、谐振过电压和操作过电压。

（1）工频过电压。在电力系统中，由于系统的接线方式、设备参数、故障性质以及操作方式等因素，通过弱阻尼产生的持续时间长、频率为工频的过电压称为工频过电压或工频电压升高。工频过电压包括长输电线路电容效应引起的电压升高、不对称短路时引起非故障相上的工频电压升高和发电机甩负荷引起机端电压升高等。

工频过电压一般来说对系统中正常绝缘的电气设备是没有危险的，故不需要采取特殊措施来限制。但为了防止工频过电压和其他过电压同时出现，而威胁电气设备的绝缘，需采取并联电抗器补偿和速断保护等措施将工频过电压限制在允许范围内。

（2）谐振过电压。电力系统中存在着许多电感和电容元件，当系统进行操作或发生故障时，会出现许多高次谐波，使这些元件可能构成各种振荡回路。在一定能源的作用下，会产生谐振现象，导致系统中的某些部分（或元件）出现严重的谐振过电压。谐振过电压的持续时间要比操作过电压长得多（大于0.1s），甚至可稳定存在，直到谐振条件破坏为止。

谐振过电压的危害性既取决于其振幅大小，又取决于持续时间的长短。谐振过电压可在各种电压等级的系统中产生，尤其是在35kV及以下系统中造成的事故较多。可采取装设阻尼电阻、避免空载或轻载运行、避免易形成谐振的操作等措施来防止谐振过电压的发生。

（3）操作过电压。操作过电压是电力系统中由于断路器操作或事故状态而引起的过电压。它包括开断感性负载（空载变压器、电抗器、电动机等）过电压、开断容性负载（空载线路、电容器组等）过电压、空载线路合闸（或重合闸）过电压、系统解列过电压和中性点不接地系统中的间歇电弧接地过电压等。

操作过电压持续时间较短（小于0.1s），过电压数值与电网结构和断路器性能等因素有关，可采用灭弧能力强的断路器，采用带并联电阻或并联电容的断路器、装设避雷器和在中性点装设消弧线圈等措施，将操作过电压限制的允许范围内。

（二）避雷针的结构

避雷针是用来保护各种建筑物和电气设备免遭直击雷的一种设备，它比被保护的建筑物或电气设备高，具有良好的接地性能。它的作用是使地面的电场发生畸变，将雷电吸引到自己身上，并安全导入地中，从而使被保护物体免遭雷击。

避雷针由接闪器（也称受雷尖端）、支撑管、引下线和接地体组成。

（1）接闪器是一根针状的长1~2m、直径10~25mm的镀锌钢管。

（2）支撑管由几段不同长度、直径为40~100mm钢管组成或由角钢制成的四棱锥铁塔组成；

（3）引下线为直径不小于8mm的圆钢或截面积不小于200mm^{2}的扁钢，也可利用铁塔本体作为引下线；

（4）接地体是指避雷针的地下部分，即直接与大地接触作散流的金属导体。接地体垂直埋设时，宜采用角钢或钢管。例如：用三根2.5m长的40×40×4mm的角钢，打入地中并联焊接后再与引下线可靠连接。当接地体水平埋设时，宜采用扁钢或圆钢。一般要求避雷接地电阻小于100。

（三）避雷线的结构

避雷线又称架空地线，它可以将雷云对地的放电引向自身并安全导入大地，使架空输电线免遭直接雷击。一旦架空输电线受到雷电绕击时，避雷线还会起分流、耦合和屏蔽作用，使架空输电线绝缘所承受的过电压降低。避雷线一般采用截面不小于 35mm² 的镀锌钢绞线,架设在输电线上方,如图 4-12 所示。为了降低正常运行时避雷线中感应电流的附加损耗或降低用避雷线作通信通道时的信号传输衰减,有时也改用铝包钢线或铝合金线。在此情况下,避雷线通常用有并联间隙的无裙支持绝缘子将避雷线与连接大地金属部件隔开,并联间隙的电气强度既要求在线路正常运行条件下具有良好的绝缘性能,又要求在雷击时避雷线完全呈接地状态,不影响其防雷功能。

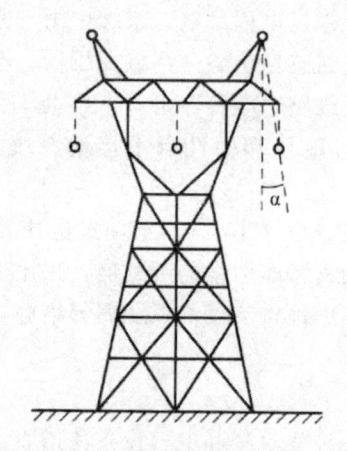

图 4-12 避雷线的布置

(四)避雷器的结构及特点

电力系统除了遭受直击雷、感应雷过电压的危害外,还要遭受沿线传播的侵入雷电波过电压以及各种内部过电压的危害,而避雷针和避雷线对后两种过电压均不起作用。因此,为了保护电气设备,将过电压限制在允许范围内,可通过采用避雷器达到此目的。

1. 保护间隙

保护间隙是一种最简单、最经济的避雷器,因其灭弧能力差,故只用在 10kV 以下的配电网络中。对装有保护间隙的线路,一般要求装设自动重合闸装置或自动重合器与之配合,以提高供电的可靠性。

2. 管型避雷器

管型避雷器实质上是一个具有灭弧能力的保护间隙,主要由内部和外部两个火花间隙及灭弧管组成。内部间隙又叫灭弧间隙,当受到过电压作用时,内外间隙均被击穿,冲击电流经间隙流入大地。过电压消失后,间隙中仍有由工作电压产生的工频电弧电流(称为工频续流)流过。工频续流电弧产生的高温使灭弧管内产气材料(纤维、塑料)分解出大量气体,管内压力升高,气体在高气压作用下从环形电极的开口孔喷出,形成强烈的纵吹作用,从而使工频续流在第一次过零时就被切断。

管型避雷器的缺点是：①伏秒特性太陡，难以与被保护物体理想地配合；②避雷器动作后工作母线直接接地形成截波，对变压器的绝缘不利；③其放电特性易受大气条件的影响。因此，管型避雷器只用于线路保护和变电所的进线段保护。

3. 阀型避雷器

阀型避雷器由装在密封套中的火花间隙和非线性电阻（阀片）串联组成。阀型避雷器的火花间隙采用多个单间隙串联而成，每个间隙由上下两个冲压成凹凸状的铜片电极和中间夹 0.5～1.0mm 厚的云母垫圈制成。电极中央凸起部分为工作部分，这种间隙的放电伏秒特性比较平缓，分散性小，用来保护具有比较平缓伏秒特性的设备时，不致发生绝缘配合的困难。阀片由金刚砂和黏结剂（水玻璃）烧结成圆饼状，阀片电阻由多个阀片叠成，其电阻呈非线性。在正常工作电压下，电阻很大；当出现过电压时，电阻变得很小。因此，当雷电波侵入时，火花间隙击穿放电，雷电流便经小电阻的阀片迅速泄入大地，雷电流在阀片电阻上的压降称为残压。当过电压消失，线路上恢复工频电压时，阀片电阻的阻值增大，工频续流电弧被许多单个间隙分割成许多短弧，利用短间隙的自然熄弧能力使电弧熄灭，线路恢复正常运行。阀型避雷器串联的火花间隙和阀片电阻的数目，随着电压的升高而增加。

4. 氧化锌避雷器

氧化锌（ZnO）避雷器是 20 世纪 70 年代发展起来的一种新型过电压保护设备，它由封装在瓷套（或硅橡胶等合成材料护套）内的若干非线性电阻阀片串联组成。其阀片以 ZnO 晶粒为主要原料，添加少量的氧化铋（Bi_2O_3）、氧化钴（Co_2O_3）、氧化锑（Sb_2O_3）、氧化锰（MnO）和氧化铬（Cr_2O_3）等多种粉末，经过成型、高温烧结、表面处理等工艺过程制成。因其主要材料是 ZnO，所以又称为 ZnO 避雷器。

二、接地装置

（一）接地的有关概念

1. 接地和接地装置

为保证人身和设备的安全，电气设备应接地或接零。在中性点直接接地的系统中，电气设备的外壳与变压器中性点零线引出线相连叫接零。电气设备的某部分用接地线与接地体连接叫接地。电气设备的某部分与土壤之间作良好的电气连接，是接地的实质。与土壤直接接触的金属物体，称为接地体或接地极。兼作接地体用的直接与大地接触的各种金属构件、金属管道及建筑物的钢筋混凝土基础等，称为自然接地体。连接接地体及设备接地部分的导线，称为接地线或引下线。接地线在正常情况下是不载流的。接地线和接地体合称为接地装置。由若干接地体在大地中互相连接而组成的总体，称为接地网。接地线又可分为接地干线和接地支线。按规定，接地干线应采用不少于两根导体在不同地点与接地网连接。

2. 接地电流和对地电压

当电气设备发生接地故障时，电流就通过接地体向大地作半球形散开，这一电流称为接地电流。由于这半球形的球面，在距接地体越远的地方球面越大，所以距接地体越远的地方散流电阻越小。

试验证明，在距单根接地体或接地故障点 20m 左右的地方，实际上散流电阻已趋于零，也就是这里的电位已趋近于零。这电位为零的地方，称为电气上的"地"或"大地"。

电气设备的接地部分，如接地的外壳和接地体等，与零电位的"大地"之间的电位差，就称为接地部分的对地电压。

(二) 接地的类型

将电力系统或建筑物中电气装置应该接地的部分，经接地装置与大地作良好的电气连接，称为接地。接地按用途可分为以下 4 种。

(1) 工作（或系统）接地。在电力系统中的一些电气设备，为运行需要所设置的接地，称为工作（或系统）接地，即中性点直接接地或经其他装置接地。

(2) 保护接地。为保护人身和设备的安全，将电气装置正常不带电而由于绝缘损坏有可能带电的金属部分（电气装置的金属外壳、配电装置的金属构架、线路杆塔等）接地，称为保护接地。

(3) 防雷接地。为过电压情况保护设备（避雷针、避雷线、避雷器等）向大地泄放雷电流而设置的接地，称为防雷接地。

(4) 防静电接地。为防止静电对易燃油、天然气储存罐和管道等的危险作用而设置的接地，以及当电气设备检修时临时设置的接地，称为防静电接地。

(三) 降低接地电阻的方法

(1) 接地装置的敷设地点要远离强腐蚀性的场所，避不开时应想办法改良接地体四周的土壤，如换土、填充电阻率较低的物质或在接地体四周施加降阻剂以降低接地电阻。降阻剂由细石墨、膨润土、固化剂、润滑剂和导电水泥等成分组成。

(2) 对接地线刷沥青漆进行保护，可防止接地线入地处因腐蚀电位差引起的腐蚀。

(3) 选用耐蚀的金属材料。接地体大多选用钢材，必要时采取热镀锡、热镀锌等防腐措施，或适当加大截面。沿海地带也可采用耐蚀性好的钛合金和镍铬合金等金属材料。

(4) 接地体的埋设深度要足够，因为把接地体埋设到一定的深度不仅能使接地电阻降低，而且因下层土壤的含氧量小，可减缓腐蚀速度。

(5) 在降阻剂中加入适量的缓蚀剂（亚硝酸钠或碳酸环己胺），对钢铁接地体也能起到缓蚀作用，对接地体涂抹防腐导电涂料能有效防止接地装置腐蚀。

(6) 采用阴极保护来防止接地装置腐蚀。采用阴极保护可通过两种方法实现：一是牺牲阳极法，二是外加电流法。

①牺牲阳极法。在被保护的金属上连接电位更负的金属或合金，作为牺牲阳极，靠它不断溶解所产生的电流对被保护的金属进行阴极极化，达到保护的目的。常用的牺牲阳极材料有锌合金（$Zn-0.6\%Al-0.1\%Cd$）、铝合金（$Al-2.5\%Zn-0.02\%In$）、镁合金（$Mg-6\%Al-3\%Zn-0.2\%Mn$）、高纯锌等，其中铝合金多用于海水中。

②外加电流法。将被保护金属接到直流电源的负极，通以阴极电流，使金属极化到保护电位范围内，达到防蚀目的。

(7) 采用阳极保护来防止接地装置腐蚀。将被保护的接地装置与外加直流电源的正极相连，用外加电源对其进行阳极极化，使其进入钝化区，此时接地装置在腐蚀介质中腐蚀速度甚微，即得到阳极保护。

(四) 人体触电的有关概念

1. 人体触电分类

(1) 单相触电。人体直接接触电气设备的一相带电体，且身体的其他部位与大地或电气设备的外壳有接触，则通过人体构成了电流的通路，当通过人体的电流达到安全电流的极限值 30mA 时，就构成单相触电。

(2) 两相触电。当人体的两个不同部位接触到任意两相带电体时，通过人体的这两个部位构成了电流的通路，当通过人体的电流达到 30mA 时，就构成两相触电。

(3) 接触触电。人站在发生接地故障的电气设备旁边，手触及设备的外露可导电部分，由于人所接触的两点（如手与脚）有电位差，当通过人体的电流达到 30mA 时，就构成接触触电。

(4) 跨步触电。人在接地故障点周围行走，由于两脚之间存在电位差，当通过人体的电流达到 30mA 时，就构成跨步触电。

(5) 靠近触电。当人体靠近高压带电体时，若人体与高压带电体之间的最小距离小于安全净距,则高压带电体就会对人体放电,即构成靠近触电。

（6）雷击触电。在雷电天气,当雷电云对人体放电时,就构成雷击触电。

（7）静电感应触电。因电气设备的载流导体对地是绝缘的,当电气设备与电源断开后,由于其周围可能存在交变磁场,则在该电气设备上可能会产生很高的静电感应电压,当人体接触到该设备时,就会遭到静电感应触电。所以,电气设备检修时必须挂地线。

2.触电对人体的伤害形式

（1）电伤。指电流的热效应等对人体外部造成的伤害,例如电弧灼伤、电弧光的辐射及烧伤、电烙印等。

（2）电击。指电流通过人体,对人体内部器官造成的伤害。当电流作用于人体的神经中枢、心脏和肺部等器官时,将破坏它们的正常功能,可能使人抽搐、痉挛、失去知觉,甚至危及生命。

严重的电伤或电击都有致命的危险,其中电击的危险性更大,一般触电死亡事故大多是由电击造成的。

3.影响触电伤害程度的因素

人体触电时所受的伤害程度,与通过人体电流的大小、电流通过的持续时间、电流通过的路径、电流的频率及人体的状况（人体电阻、身心健康状态）等多种因素有关。其中电流的大小和通过的持续时间是主要因素。

我国规定人身安全电流极限值为30mA,允许通过心脏的电流与其持续时间的平方根成反比,即持续时间愈长,允许电流愈小。当电流路径为从手到脚、从一手到另一手或流经心脏时,触电的伤害最为严重。工频电流触电的伤害程度最为严重,低于或高于工频时伤害程度都会减轻。实际分析指出,50mA以上的工频交流较长时间通过人体时,就会造成呼吸麻痹,造成假死,如不及时进行抢救,即有生命危险。

流过人体的电流与人体电阻及作用于人体的电压等因素有关。人体正常电阻可高达 $(4\sim10)\times10^4\Omega$；当皮肤潮湿、受损伤或带有导电性粉尘时,则会降低到1000Ω左右。因此,在最恶劣的情况下,人接触的电压只要达0.05A×1000Ω＝50V左右,即有致命危险。患有心脏病、结核病、精神病、内分泌器官疾病等病的人,触电引起的危害程度更为严重。根据环境条件的不同,我国规定的安全电压分别为36V、24V及12V。

4.防触电措施

（1）将带电体绝缘、封闭或架高。

（2）设置遮栏,防止人接近高压带电体。

（3）设置护栏,限定行人进入危险区。

(4) 限制短路电流，减小接地电阻。

(5) 采用快速继电保护装置迅速切除故障。

(6) 采用剩余电流动作保护器作为附加保护。

(7) 提高人体与地面之间的接触电阻。

(8) 电气设备的外壳、底座、框架、操作结构等均应可靠接地。

(9) 划定安全巡视路线，限定在强电场区域的停留时间。

(10) 电气设备检修时必须挂地线，在强电场区域作业时，周围应设置活动金属屏蔽网。

(11) 在高处作业时应穿导电鞋和屏蔽服。

(12) 电气设备倒闸操作时必须严格执行有关规定，遵守安全规章制度。

第五章　火电厂设备的继电保护

第一节　继电保护的基本知识

一、继电保护概述

电力系统在运行中，由于电气设备的绝缘老化或损坏、雷击、鸟害、设备缺陷或误操作等原因，可能出现各种故障和不正常运行状态。这些故障和不正常运行状态严重危及电力系统的安全可靠运行。最常见且最危险的故障是各种类型的短路，最常见的不正常运行状态是过负荷。除了应采取提高设计水平、提高设备的制造质量、加强设备的维护检修、提高运行管理质量、严格遵守和执行电业规章制度等各项措施，尽可能消除和减小发生故障的可能性之外，还必须做到一旦发生故障，能够迅速、准确、有选择性地切除故障设备，防止事故的扩大，迅速恢复非故障部分的正常运行，以减小对用户的影响。当电力系统出现不正常运行状态时，应能及时发现并尽快处理，以免引起设备故障。要在极短的时间内完成上述任务，只能借助继电保护装置才能实现。

（一）继电保护的定义

继电保护是指由继电器、断路器和信号装置共同实现对各种电气设备和电力线路的保护。

（二）继电保护装置

继电保护装置是指由继电器构成的，能反应电力系统中各种电气设备和电力线路的故障或不正常状态，并自动动作于断路器跳闸或动作于信号，实现对电气设备和电力线路保护的一种电气自动装置。

（三）继电保护装置的作用

（1）当电力系统发生故障时，能自动、迅速、有选择性地将故障设备从电力系统中切除，以保证系统其余部分迅速恢复正常运行，并使故障设备不再继续遭受损坏。

(2) 当系统发生不正常工作情况时，能自动、及时、有选择性地发出信号通知运行人员进行处理，或者切除那些继续运行会引起故障的电气设备。

可见，继电保护装置是电力系统必不可少的重要组成部分，对保障系统安全运行、保证电能质量、防止故障的扩大和事故的发生，都有极其重要的作用。

二、继电保护的基本组成

(1) 测量部分是用来监测被保护对象（电气设备或电力线路）的运行状态，将被保护对象的运行状态信息（如电流、电压等）通过测量、变换、滤波等加工处理后送入逻辑部分。

(2) 逻辑部分将测量部分送来的信息与基准整定值进行比较，判断保护装置是否该动作于跳闸或动作于信号，是否需要延时等，输出相应的信息。

(3) 执行部分根据逻辑部分输出的信息，送出跳闸信息至断路器控制回路或发出报警信息至报警信号回路。

一般的继电保护装置，其逻辑部分、执行部分和信号部分都需要操作电源。在个别情况下，采用直接作用式继电器作保护装置，附在断路器操作机构中的继电器本身，即可实现测量、逻辑及信号元件的作用。通常所说的继电保护装置，应该理解为既包括继电器，又包括断路器和信号装置，它们协同动作才能实现对电气设备和电力线路的保护。

三、继电保护的基本原理

最简单的继电保护原理接线如图5—1所示。线路在正常工作时通过负荷电流，电流互感器TA的二次侧连接电磁型电流继电器KA的线圈，它所产生的电磁力小于继电器弹簧的反作用力，因而继电器不动作，它的常开触点处于断开位置。当线路的K处发生短路时流过比负荷电流大得多的短路电流，通过继电器线圈的电流和短路电流所产生的电磁力都相应显著地增大，衔铁被吸合，使继电器的常开触点闭合，接通了断路器QF的跳闸线圈YR，铁心被吸上，撞开锁扣机构（LO），断路器跳闸，切断了线路和电源的联系，故障即被切除。同时，断路器QF的辅助触点断开，又使QF的跳闸线圈YR失电，防止YR长

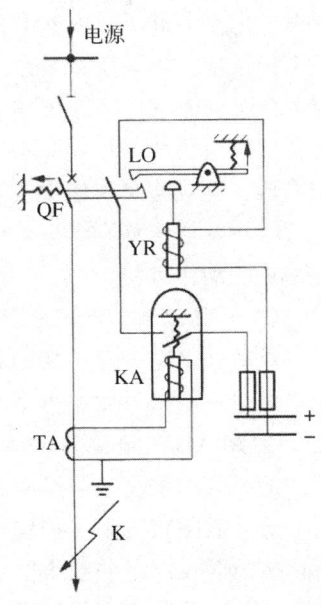

图5—1 继电保护原理接线

期过流烧毁。短路电流消失后，继电器线圈中的电流也随即消失，继电器的触点在弹簧力的作用下返回断开位置。

由上述继电保护基本原理可知，电气设备从正常工作状态到故障或不正常工作状态，它的电气量，如电流、电压的大小和它们这之间的相位角等往往会发生显著的变化。继电保护装置就是利用这种变化来鉴别有、无故障或不正常工作情况，以电气量的测量值或它们之间的相位关系来检测故障地点，有选择性地切除故障或显示电气设备的不正常工作状态。尽管实际应用的继电保护装置比上述示例复杂得多，但其基本工作原理相同。

四、对继电保护的基本要求

（一）选择性

选择性是指电力系统发生故障时，继电保护仅将故障部分切除，保障其他无故障部分继续运行，以尽量缩小停电范围。继电保护装置的选择性，是依靠采用适当类型的继电保护装置和正确选择其整定值，使各级保护扩大相互配合。

（二）快速性

为了保证电力系统运行的稳定性和对用户可靠供电，以及避免和减轻电气设备在事故时所遭受的损害，要求继电保护装置尽快地动作，尽快地切除故障部分。但是，并不是对所有的故障情况，都要求快速切除故障。因为提高快速性会使继电保护装置较复杂，增加投资，有时也可能影响选择性。因此，应根据被保护对象在电力系统中的地位和作用，来确定其保护的动作速度。例如大容量的发电机和变压器要求保护装置的动作时间在工频几个周期之内，高压和超高压输电线路要求保护装置的动作时间在工频1~2个周期之内，但某些电压等级较低的线路则允许1~2s，甚至更长些。后备保护的动作时间要求大于主保护的动作时间。

（三）灵敏性

灵敏性是继电保护装置对其保护范围内发生的故障或不正常工作状态的反应能力，一般以灵敏系数表示。例如某线路电流保护的电流继电器的整值为6A，短路时输入电流为12A，那么它的灵敏系数就为2。灵敏系数愈大，说明保护的灵敏度愈高。当然应有一个最低要求指标。

对于故障状态下保护输入量增大动作的继电保护，其灵敏系数为：（保护区内故障时反应量的最小值）/（保护动作量的整定值）

对于故障状态下保护输入量降低时动作的继电保护，其灵敏系数为：（保护动作量的整定值）/（保护区内故障时反应量的最大值）

每种继电保护均有特定的保护区（发电机、变压器、母线、线路等），各保护区的范围是通过设计计算后人为确定的，保护区的边界值称为该保护的整定值。显然，保护的整定值与保护区域大小和保护装置动作的灵敏度紧密相关，必须通过严格的计算和调整试验才能确定。

（四）可靠性

可靠性是指当保护范围内发生故障或不正常工作状态时，保护装置能够可靠动作而不致拒绝动作；而在电气设备无故障或在保护范围以外发生故障时，保护装置不发生误动。保护装置拒绝动作或误动作，都将使保护装置成为扩大事故或直接产生事故的根源。因此，提高保护装置的可靠性是非常重要的。继电保护装置的可靠性，主要取决于接线的合理性、继电器的制造质量、安装维护水平、保护的整定计算和调整试验的准确度等。

以上对继电保护装置所提出的四项基本要求是紧密联系的，但有时又是相互矛盾的。例如为了满足选择性，有时就要求保护动作必须具有一定的延时；为了保证快速性，有时就允许保护装置无选择地动作，再采用自动重合闸装置进行纠正；为了保证可靠性，有时就采用灵敏性稍差的保护。总之，要根据具体情况（被保护对象、电力系统条件、运行经验等），分清主要矛盾和次要矛盾，统筹兼顾。

五、继电器分类

反应某些参数的变化，并自动接通或断开控制回路、保护回路或信号回路的电器，统称为继电器。继电器是继电保护装置的基本组成元件，按继电器的结构、反应的物理量和作用不同，继电器分为以下几种类型：

（一）按结构形式分类

按结构形式分类，继电器主要有机电型、整流型、晶体管型、集成电路型、微机型。

（1）机电型继电器是以电磁原理为基础，具有机械可动部分的继电器，按其构成原理又可分为电磁型继电器、感应型继电器、极化继电器、干簧继电器等。

（2）整流型继电器是以整流电路和比较电路原理为基础构成的，以极化继电器为执行元件的继电器。

（3）晶体管型继电器是以晶体管的放大和开关原理为基础构成的，由晶体管、二极管、电阻、电容、变换器等元件构成的继电器。

（4）集成电路型继电器是由线性集成电路（运算放大器）构成启动和测量元件，由CMOS等数字电路构成逻辑电路的继电器。

（5）微机型继电器是以微处理器为核心，根据数据采集系统所采集到的电力系统的实时状态数据，按照给定算法来检测电力系统是否发生故障以及故障性质、范围等，并由此做出是否需要跳闸或报警等判断的继电器。

（二）按反应的物理量分类

按反应的物理量分类，继电器主要有电量和非电量两大类。

（1）反应电量的继电器有电流继电器、电压继电器、功率继电器、阻抗继电器等。

（2）反应非电量的继电器有瓦斯继电器、温度继电器、压力继电器等。

（三）按在保护中的作用分类

按在保护中的作用分类，继电器可分为测量继电器和辅助继电器两大类。

（1）测量继电器直接反应电气量的变化。按所反应电量的不同，可分为电流继电器、电压继电器、频率继电器、功率方向继电器、差动继电器等。

（2）辅助继电器用来改进和完善继电保护的功能，一般作为保护中的逻辑、执行元件。按其作用不同可分为中间继电器、时间继电器、信号继电器和出口继电器等。

六、继电保护分类

（一）按保护对象分类

继电保护按保护对象不同可分为元件保护和线路保护。元件保护又分为发电机保护、变压器保护、电动机保护、母线保护等。线路保护又分为高压和超高压输电线路保护、高压和低压配电线路保护等。

（二）按继电器结构形式分类

继电保护按采用的继电器结构形式不同可分为机电式继电保护、晶体管式继电保护、大规模集成电路式继电保护和微机数字式继电保护等。

（三）按所反映的物理量分类

继电保护按所反映的物理量不同可分为电流保护、电压保护、方向保护、距离保护、差动保护和纵联保护等。

（四）按采集的信号方式分类

继电保护按采集的信号方式不同可分为反应单端电气量的保护和反应两端电气量的保护。

（五）按信号的通讯方式分类

对于反应两端电气量的纵联保护，按信号的通讯方式不同可分为高频保护、光纤保护和微波保护等。

（六）按保护的作用分类

当某一电气设备配置两种及以上的保护时，按保护的作用不同可分为主保护（反应被保护元件自身的故障并以尽可能短的延时，有选择性地切除故障的保护）、后备保护（当主保护拒动时起作用，从而动作于相应断路器以切除故障元件，后备保护分近后备和远后备两种）和辅助保护（为补充主保护和后备保护的不足，而增设的较简单的保护）。

实际上，电气设备或输电线路所配置的各种保护是上述分类中的某些组合，但有时为了强调保护的某一特点，在描述中会将其他功能或结构省略。如某输电线路采用的是光纤差动保护（只强调通讯方式和保护原理）、某电气设备采用的是微机保护（强调的是继电器的结构）等。

（七）纵联保护的分类

可分为电力线载波纵联保护，也就是常说的高频保护；微波纵联保护，简称微波保护；光纤纵联保护，简称光纤保护；导引线纵联保护，简称导引线保护。

（八）母线差动保护

因为母线上只有进出线路，正常运行情况下，进出电流的大小相等，相位相同。如果母线发生故障，这一平衡就会破坏。有的保护采用比较电流是否平衡，有的保护采用比较电流相位是否一致，有的二者兼有。一旦判别出母线故障，立即启动保护动作元件，跳开母线上的所有断路器。如果是双母线并列运行，有的保护会有选择地跳开母联开关和有故障母线的所有进出线路断路器，以缩小停电范围。

七、大型发电机－变压器组保护出口的动作方式

（1）全停：停汽轮机、停锅炉、断开发电机出口断路器、断开发电机灭磁开关、跳主变压器高压侧断路器、跳高压厂用变压器低压侧断路器、使机炉及其辅机停止工作。

（2）解列灭磁：跳主变压器高压侧断路器、跳灭磁开关、跳高压厂用变压器低压侧断路器。

（3）解列：跳主变压器高压侧断路器。

（4）减出力、减励磁：减少原动机的输出功率，降低发电机励磁电流。

（5）程序跳闸：先关闭汽轮机主汽门，闭锁热工保护。

（6）发信号：发出声光信号或光信号。

（7）母线解列：对母线系统，断开母线联络断路器，缩小故障波及范围。

（8）分支断路器跳闸：高压厂变 6kV 分支断路器跳闸，发闭锁厂用切换

信号。

(9) 起、停机保护：跳发电机灭磁开关。

(10) 程序逆功率保护：由发电机程序跳闸启动，其保护除关闭主汽门外，其余同全停。

八、微机保护概述

(一) 微机保护装置的特点

(1) 维护调试方便。除输入和修改定值及检查外部接线外几乎不用调试，大大减轻了运行维护的工作量。

(2) 可靠性高。能自动识别和排除干扰，防止由于采样信号受到干扰而造成错误保护动作。

(3) 易于获得附加功能。能记录保护各部分的动作顺序、动作时间、故障类型和相别，能熟悉故障前后电压和电流的录波数据等。

(4) 灵活性大。只要改变软件就可以改变保护的特性和功能，可灵活地适应电力系统发展对保护要求的变化，减少了现场的维护工作量。

(5) 保护性能得到很好改善。如接地距离保护承受过渡电阻能力的改善、距离保护如何区分振荡和短路、变压器差动保护如何识别励磁涌流和内部故障、母线保护如何检测电流互感器饱和等。

(6) 经济性好。微处理器和集成电路芯片的性能不断提高而价格一直在下降，而电磁型继电器的价格在同一时期内却不断上升。而且，微机保护装置是一个可编程序的装置，它可基于通用硬件实现多种保护功能，使硬件种类大大减少。

(二) 微机保护装置的硬件构成

微机保护装置硬件系统按功能可分为以下五个部分：

(1) 数据采集单元。包括电压、电流变换电路，采样保持电路，低通滤波电路，多路转换开关和模数转换器等，完成将模拟输入量准确地转换为数字量的功能。

(2) 数据处理单元。包括微处理器 CPU、只读存储器 EPROM、电可擦除可编程只读存储器 EEPROM、随机读写存储器 RAM、定时器以及并行口等。微处理器 CPU 执行存放在只读存储器 EPROM 中的保护程序，对由数据采集系统输入至随机读写存储器 RAM 中的数据进行分析处理，与 EEPROM 中的保护定值进行比较判断，完成各种继电保护的功能。

(3) 开关量输入/输出接口。由开关量输入回路、开关量输出回路、打印机并行接口、人机对话接口、光电隔离器及中间继电器等组成，完成各种保护的出口跳闸、信号警报、外部接点输入及人机对话等功能。

(4) 通信接口。包括通信接口电路及接口,实现多机通信或联网功能。

(5) 电源。供给微处理器、数字电路、模数转换芯片及继电器所需的电源。

(三) 微机保护装置的软件构成

微机保护装置的软件通常可分为监控程序和运行程序两部分。

(1) 监控程序包括人机对话接口键盘命令处理程序以及为插件调试、定值整定、报告显示等所配置的程序。

(2) 运行程序是指保护装置在运行状态下所需执行的程序。微机保护运行程序软件一般可分为两个模块:

①主程序模块。包括初始化、全面自检、开放及等待中断等。

②中断服务程序模块。通常有采样中断、串行口中断等。前者包括数据采集与处理、保护启动判定等功能,后者完成保护CPU与管理CPU之间的数据传输,例如保护的远方整定、复归、校对时间或保护动作信息的上传等。中断服务程序中包含故障处理程序子模块。它在保护启动后才投入,用以进行保护特性计算、判定故障性质等。

第二节 发电机的继电保护

一、发电机的故障和异常类型及其保护配置

发电机的安全运行对保证电力系统的正常工作和电能质量起着决定性的作用,同时发电机本身也是一个十分贵重的电气设备。因此,应该针对发电机的各种故障和异常类型,装设相应的继电保护装置。

(一) 发电机的故障类型

发电机的故障类型主要有定子绕组相间短路、定子绕组匝间短路、定子绕组单相接地、转子绕组一点接地或两点接地、转子绕组的励磁电流异常下降或完全消失等。

(二) 发电机的异常类型

发电机的异常类型主要有由于外部对称短路引起的发电机对称过负荷、由于外部不对称短路引起的定子负序过电流、由于发电机突然甩负荷而引起的定子绕组过电压、由于转子绕组故障或强励时间过长而引起的转子绕组过流、由于汽轮机主汽门突然关闭而引起的发电机逆功率、由于机端电压过高或系统频

率过低引起的发电机过激磁、由于系统振荡引起的发电机失步、由于冷却水系统故障引起的发电机断水等。

(三) 大型发电机的保护配置

(1) 发电机的纵差动保护（两套）。保护能在区外故障时可靠地躲过两侧 TA 特性不一致所产生的不平衡电流。区内故障保护灵敏动作，保护采用三相式接线，由两侧差动继电器构成，瞬时动作于全停。另配有电流互感器断线检测功能，在 TA 断线时瞬时闭锁差动保护，且延时发出 TA 断线信号。

(2) 发电机定子绕组的匝间短路保护（两套）。该保护反应发电机纵向零序电压的基波分量。零序电压取自机端专用电压互感器的开口三角形绕组，其中性点与发电机中性点通过高压电缆相连。零序电压中的三次谐波不平衡量由三次谐波过滤器滤出。为保证专用电压互感器断线时保护不误动作，采用可靠的电压平衡继电器作为电压互感器断线闭锁环节。保护动作于全停。

(3) 发电机定子绕组接地保护（两套）。发电机定子绕组接地保护用于保护发电机定子绕组的单相接地故障，两套保护装置中，一套采用基波零序电压构成，另一套采用三次谐波电压构成，接地保护范围为定子绕组的 100％ 区域。

(4) 失磁保护（两套）。保护由发电机端测量低阻抗判据、变压器高压侧低电压判据、定子过电流判据和转子绕组低电压判据组成，设 TV 断线闭锁功能。

(5) 发电机不对称负序过电流保护（两套）。保护由定时限和反时限组成，定时限动作于信号，动作电流按躲过发电机长期允许的负序电流值和按躲过最大负荷下负序电流滤过器的不平衡电流值整定。反时限保护反映发电机转子热积累过程，动作特性按发电机承受负序电流的能力确定，动作于程序跳闸。

(6) 发电机对称过负荷保护（两套）。保护由定时限和反时限组成，定时限部分带时限动作于信号。反时限部分保护反应电流变化时发电机定子绕组的热积累过程，动作特性按发电机定子绕组的过负荷能力确定，动作于程序跳闸。

(7) 过激磁保护（两套）。该保护反映发电机机端电压过高或电流频率过低时引起发电机过激磁的情况。过激磁是以 U/f 的比值为动作原理，设有两段定值。低定值带时限动作于信号和降低励磁电流，高定值部分动作程序跳闸。

(8) 逆功率保护（两套）。逆功率保护分别由取自发电机机端 TV 电压和发电机机端 TA 电流构成。逆功率保护反映发电机从系统中吸收有功功率的大小，保护带 TV 断线闭锁。保护短时限动作于信号，长时限动作于全停。

(9) 程序跳闸逆功率保护（两套）。保护为程序跳闸专用，用于确认主汽门完全关闭。由逆功率继电器作为闭锁元件，其整定值为1%～3%发电机额定功率。

(10) 发电机失步保护（两套）。保护由三个阻抗元件或测量振荡中心电压及变化率等原理构成，在短路故障、系统稳定振荡、电压回路断线等情况下，保护不误动作。能检测加速和减速失步。保护通常动作于信号，当振荡中心在发电机和变压器内部时，失步保护动作时间超过整定值或电流振荡次数超过规定值时，保护动作于全停。保护装设电流闭锁装置，以保证断路器断开时的电流不超过断路器额定失步开断电流。

(11) 发电机低频率运行保护（两套）。低频保护反映系统频率的降低，保护由灵敏的频率继电器和计数器组成，并带出口断路器辅助闭锁接点，即发电机退出运行时，低频保护自动退出运行。保护动作于全停。装置在运行时可实时监视发电机的频率及累计时间，两套保护之间有连续跟踪和数据累计功能。

(12) 发电机突加电压保护（两套）。保护由电流元件及电压元件构成，动作于发电机出口断路器。发电机出口断路器合闸后，该保护退出，解列后自动投入运行。

(13) 发电机出口 TV 断线闭锁保护。断线闭锁继电器用来探测电压互感器或电压互感器的熔断器故障，当发生故障时，继电器就动作于信号。

(14) 发电机转子绕组接地保护（一套）。该保护作为发电机转子绕组接地故障情况下的保护。一点接地保护高定值动作于信号，低定值带时限动作于全停或发信号；两点接地保护带时限动作于全停。

(15) 发电机转子绕组过流保护（两套）。发电机转子绕组过流保护由两部分组成，一部分带定时限动作于信号，另一部分具有与发电机转子绕组过负荷能力相匹配的反时限特性。该保护能反映转子绕组的热积累过程，由逆功率继电器作为闭锁元件，其整定值为1%～3%发电机额定功率，并动作于程序跳闸。

(16) 发电机启、停机保护（两套）。该保护是专门用于发电机启动或停机过程中发生故障时的一种保护。该保护跳灭磁开关，正常运行时（发电机出口断路器合闸后）退出。

(17) 发电机定子冷却水断水故障保护（一套）。该保护依据冷却水流量和压力的监视情况瞬时动作于信号，并经过一定延时后，若冷却水的供给仍不能恢复到正常水平，则该保护动作于程序跳闸或全停。延时和准确的启动模式根据发电机性能来定。

(18) 发电机的复合电压启动过流保护（两套）。该保护反应发电机机端低电压、负序过电压和定子过电流时情况，动作于发信号和动作于全停。

(19) 发电机过电压保护。过电压保护动作电压取 1.3 倍额定电压，延时 0.5s 动作于全停。

(20) 发电机出口断路器失灵保护（两套）。发电机出口断路器失灵保护取发电机出口断路器的电流作为判据。该电流可以是相电流、零序电流或负序电流，还可整定选择是否经保护动作接点、断路器合闸位置接点闭锁。保护判断发电机出口断路器失灵拒动，保护动作先跳发电机出口断路器，如果发电机出口断路器拒动，再跳发变组出口断路器。

二、发电机转子绕组的接地保护

发电机正常运行时，转子绕组对地之间有一定的绝缘电阻和分布电容。当转子绕组绝缘严重下降或损坏时，会引起转子绕组的接地故障。发电机转子绕组发生一点接地是常见的故障，但由于一点接地不会形成接地电流通路，励磁电压仍然正常，因此对发电机无直接危害，可以继续运行。但一点接地以后，转子绕组对地电压升高，在某些条件下会诱发第二点接地，两点接地故障将产生很大的故障电流，从而烧伤转子本体，而且形成短路电流的通路，可能烧坏转子绕组和铁心。此外，汽轮发电机转子绕组两点接地，还可使轴系和汽轮机的汽缸磁化。因此，两点接地故障的后果严重，将严重损坏发电机。因此有关规程要求发电机必须装有灵敏的转子绕组一点接地保护，保护动作于信号，并在一点接地后自动投入两点接地保护，使之在发生两点接地时，动作于跳闸。

三、发电机的失磁保护

（一）发电机失磁的定义

发电机失磁通常是指发电机励磁异常下降或励磁完全消失的故障，一般将前者称为部分失磁或低励故障，将后者称为完全失磁故障。

(1) 励磁异常下降是指运行中发电机励磁电流的降低超过了静态稳定极限所允许的程度，使发电机稳定运行状态遭到破坏。造成励磁异常下降的原因通常是主励磁机或副励磁机故障，励磁系统中硅整流元件部分损坏或自动调节系统不正确动作以及操作上的错误等，这时励磁电压很低，但仍能维持一定的励磁电流。

(2) 完全失磁是指发电机失去励磁电源，通常表现为励磁回路开路，其原因包括自动灭磁开关误跳闸、励磁调节器整流装置中自动开关误跳闸、转子绕组断线或端口短路以及副励磁机励磁电源消失等。

（二）发电机失磁对电力系统的危害

（1）失磁发电机由失磁前向系统送出无功功率转为从系统吸收无功功率，尤其是满负荷运行的大型机组会引起系统无功功率大量缺额。若系统无功功率容量储备不足，将会引起系统电压严重下降，甚至导致系统电压崩溃。

（2）失磁引起的系统电压下降会使相邻发电机励磁调节器动作，增加其无功输出，引起有关发电机、变压器或线路过流，甚至使后备保护因过流而动作，扩大故障范围。

（3）失磁引起有功功率摆动和励磁电压下降，可能导致电力系统某些部分之间失步，使系统发生振荡，甩掉大量负荷。

失磁发电机单机容量与电力系统容量之比越大，对系统不利影响就越严重。

（三）失磁对发电机本身的危害

（1）由于出现转差，转子回路出现差频电流，在转子回路里产生附加损耗，可能使转子过热而损坏。

（2）失磁发电机进入异步运行后，等效电抗降低，定子电流增大。失磁前发电机输出有功功率越大，失磁失步后转差越大，等效电抗越小，过电流越严重，定子过热越严重。

（3）失磁失步后发电机有功功率发生剧烈的周期摆动，变化的电磁转矩（可能超过额定值）周期性地作用到轴系上，并通过定子传给机座，引起剧烈振动，同时转差也作周期性变化，使发电机周期性地严重超速。这些都直接威胁机组安全。

（4）失磁运行时，发电机定子端部漏磁增加，将使端部的部件和边段铁心过热。

鉴于低励和失磁故障引起的上述危害，大型发电机必须装设完善的低励失磁保护，以便及时发现失磁故障并及时采取必要的措施。失磁保护构成原理及动作处理方式均与失磁发展过程中各电量变化紧密相关。

（四）发电机失磁保护的构成

发电机的失磁微机保护由发电机端测量阻抗判据、变压器高压侧低电压判据、定子过电流判据和励磁回路低电压判据组成，保护设 TV 断线闭锁。保护装置具有以下主要功能和技术要求：①TV 断线时只发信号，并将失磁保护闭锁。②阻抗元件和转子低电压元件动作时发出失磁信号经延时 t_2 动作程序跳闸。③系统电压低于动作允许值和转子低电压元件动作时经延时 t_1 动作于全停或程序跳闸。

四、发电机过负荷保护

发电机正常运行时不允许过负荷,当系统发生故障时允许短时间过负荷。发电机过负荷通常是由系统中切除电源、生产过程出现短时冲击性负荷、大型电动机自启动、发电机强行励磁、失磁运行、同期操作及振荡等引起的。定子绕组过负荷保护的设计取决于发电机在一定过负荷倍数下允许过负荷时间,发电机从额定工况下的稳定温度起始,能承受 1.3 倍额定定子电流运行至少 1min。

发电机配置两套对称过负荷微机保护。保护由定时限和反时限组成,定时限部分带时限动作于信号,反时限部分保护反应电流变化时发电机定子绕组的热积累过程。动作特性按发电机定子绕组的过负荷能力确定,动作于程序跳闸。

五、发电机负序电流保护

发电机在不对称负荷状态下运行、外部不对称短路或内部故障时,定子绕组将流过负序电流。负序电流所产生的旋转磁场的方向与转子运动方向相反,并以两倍同步转速切割转子,在转子本体、槽楔及转子绕组中感生倍频电流,引起额外的损耗和发热。另一方面,由负序磁场产生的两倍频交变电磁转矩,使机组产生 100Hz 振动,引起金属疲劳和机械损伤。

因此发电机配置两套负序过流保护,也称不对称过负荷保护。保护由定时限和反时限组成,定时限动作于信号,动作电流按躲过发电机长期允许的负序电流值和躲过最大负荷下负序电流滤过器的不平衡电流值整定。反时限保护反应发电机转子热积累过程。动作特性按发电机承受负序电流的能力确定,动作于程序跳闸。

六、发电机的频率异常保护

汽轮机的叶片都有一个自然振荡频率,如果发电机运行频率升高或者降低,以致接近或等于叶片自振频率时,将导致共振,有可能使叶片断裂,造成严重事故。

通常对频率升高的限制较严格,控制措施相对完善一些,而低频率异常运行多发生在重负荷下,对汽轮机的威胁更为严重。因此,目前发电机一般只装设低频异常运行保护。低频保护不仅能监视当前频率状况,还能在发生低频工况时,根据预先划分的频率段自动累计各段异常运行的时间,无论达到哪一频率段相应的规定累计运行时间,保护均动作于声光信号告警。

发电机低频微机保护通常由以下几部分组成：

(1) 高精度频率测量回路。多采用测量机端电压的频率。

(2) 频率分段启动回路。可根据发电机的要求整定各段启动频率门槛。

(3) 低频运行时间累计回路。分段累计低频运行时间，并能显示各段累计时间。

(4) 分段允许时间整定及出口回路。在每段累计低频运行时间超过该段允许运行时间时，经出口回路发出信号。

第三节　变压器的继电保护

一、变压器的故障和异常类型及其保护方式

电力变压器是电力系统中十分重要的电气设备，它的故障将对供电可靠性和系统的正常运行带来严重的影响。同时大容量的电力变压器也是十分贵重的电气设备，因此，必须根据变压器的容量和重要程度考虑装设性能良好、工作可靠的继电保护装置。

（一）变压器的故障和异常类型

(1) 变压器的故障可以分为油箱内部故障和油箱外部故障两种。油箱内部故障包括绕组的相间短路、接地短路、匝间短路以及铁心的烧损等，对变压器来讲，这些故障都是十分危险的。因为油箱内部故障时产生的电弧，将引起绝缘物质的剧烈汽化，从而可能引起爆炸。因此，这些故障应该尽快加以切除。油箱外部故障包括套管和引出线上发生相间短路和接地短路。上述接地短路均指中性点直接接地的电力系统短路。

(2) 变压器的工作异常类型主要有由于变压器外部相间短路引起的过电流和外部接地短路引起的过电流和中性点过电压，由于负荷超过额定容量引起的过负荷以及由于漏油等原因而引起的油面降低、油温升高和冷却器故障等。

此外，对大容量变压器，由于其额定工作时的磁通密度相当接近于铁心的饱和磁通密度，因此在高电压或低频率等异常运行方式下，还会发生变压器的过激磁故障。

（二）变压器应装设的保护

(1) 瓦斯保护。对变压器油箱内的各种故障以及油面的降低，应装设瓦斯保护，它反应于油箱内部所产生的气体或油流而动作。其中轻瓦斯保护动作于信号，重瓦斯保护动作于跳开变压器各电源侧的断路器。

(2) 纵差动保护或电流速断保护。对变压器绕组、套管及引出线上的故障，应根据容量的不同，装设纵差动保护或电流速断保护。保护动作后，应跳开变压器各电源侧的断路器。

(3) 外部相间短路时的后备保护。对于外部相间短路引起的变压器过电流，应采用下列保护作为后备保护：

①过电流保护。一般用于降压变压器，保护装置的整定值应考虑事故状态下可能出现的过负荷电流。

②复合电压启动的过电流保护。一般用于升压变压器、系统联络变压器以及过电流保护灵敏度不满足要求的降压变压器。

③负序电流及单相式低电压启动的过电流保护。一般用于容量为 63MVA 及以上的升压变压器。

④阻抗保护。对于升压变压器和系统联络变压器，为满足灵敏性和选择性要求，可采用阻抗保护。对 500kV 系统联络变压器高、中压侧均应装设阻抗保护。

(4) 外部接地短路时的后备保护。对中性点直接接地系统，由外部接地短路引起过电流时，如果变压器中性点接地运行，应装设零序电流保护。为防止发生接地短路时，中性点接地的变压器跳开后，中性点不接地的变压器（低压侧有电源）仍带接地故障继续运行，应根据具体情况，装设零序过电压保护、中性点装放电间隙加零序电流保护等。

(5) 过负荷保护。当 400kVA 以上的变压器多台并列运行，或单独运行并作为其他负荷的备用电源时，应根据可能过负荷的情况，装设过负荷保护。过负荷保护接于一相电流上，并延时动作于信号。

(6) 过激磁保护。高压侧电压为 500kV 及以上的变压器，对频率降低和电压升高而引起的变压器励磁电流增大，应装设过激磁保护。在变压器允许的过激磁范围内，保护动作于信号，当过激磁超过允许值时，动作于跳闸。

(7) 其他保护。对变压器温度及油箱内压力升高和冷却系统故障，应按现行变压器标准的要求，装设相应的保护动作于信号或动作于跳闸。

二、变压器的瓦斯保护

当在变压器油箱内部发生故障（包括轻微的匝间短路和绝缘破坏引起的经电弧电阻的接地短路）时，故障点电流和电弧的作用，将使变压器油及其他绝缘材料因局部受热而分解产生气体，并从油箱流向油枕的上部。当故障严重时，油会迅速膨胀并产生大量的气体，此时将有剧烈的气体夹杂着油流冲向油枕的上部。利用油箱内部故障时的这一特点，可以构成反应于上述气体而动作的保护装置,称为瓦斯保护。

(一)气体继电器的工作原理

气体继电器是构成瓦斯保护的主要元件,它安装在油箱与油枕之间的连接管道上,如图 5-2 所示,这样油箱内产生的气体必须通过气体继电器才能流向油枕。为了不妨碍气体的流通,变压器安装时应使顶盖沿气体继电器的方向与水平面具有 1%～1.5% 的升高坡度,通往继电器的连接管具有 2%～4% 的升高坡度。

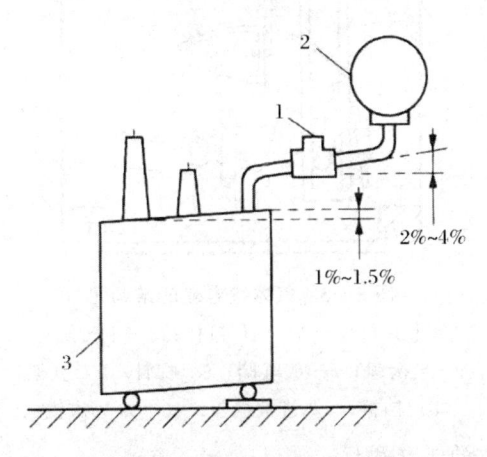

图 5-2 气体继电器安装示意图
1—气体继电器;2—油枕;3—油箱

目前在我国电力系统中推广应用的是开口杯挡板式气体继电器,其内部结构如图 5-3 所示。正常运行时,上开口杯 2 和下开口杯 1 都浸在油中,开口杯和附件在油内的重力所产生的力矩小于平衡锤 4 所产生的力矩,因此开口杯向上倾,干簧触点 3 断开。当油箱内部发生轻微故障时,少量的气体上升后逐渐聚集在继电器的上部,迫使油面下降。而使上开口杯 2 露出油面,此时由于浮力减小,上开口杯和附件在气体中的重力加上杯内油重所产生的力矩大于平衡锤 4 所产生的力矩,于是上开口杯 2 顺时针方向转动,带动永久磁铁 10 靠近干簧触点 3,使触点闭合,启动"轻瓦斯"保护动作于信号。当变压器油箱内部发生严重故障时,大量气体和油流直接冲击挡板 8,使下开口杯 1 顺时针方向旋转,带动永久磁铁靠近下部干簧的触点 3 使之闭合,启动"重瓦斯"保护作,发出跳闸信号。当变压器出现严重漏油而使油面逐渐降低时,首先是上开口杯 2 露出油面,发出预告信号,当油面继续下降使下开口杯 1 露出油面后,发出跳闸信号。

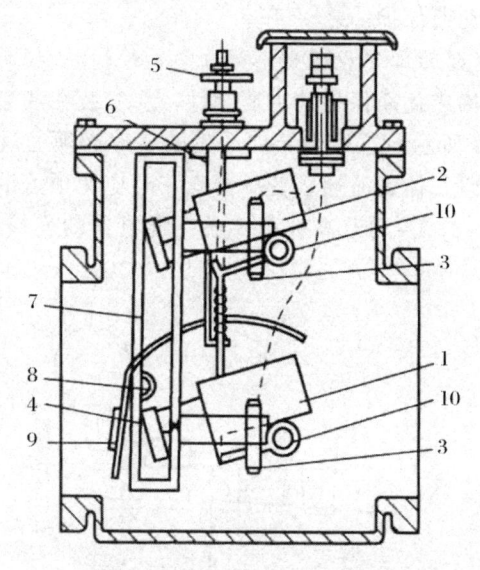

图 5—3 气体继电器的结构图

1—下开口杯；2—上开口杯；3—干簧触点；
4—平衡锤；5—放气阀；6—探针；7—支架；
8—挡板；9—进油挡板；10—永久磁铁

（二）瓦斯保护的工作原理

瓦斯保护的原理接线如图 5—4 所示，气体继电器 KG 上面的触点表示"轻瓦斯保护"，动作后发出预告信号。下面的触点表示"重瓦斯保护"，动作后启动瓦斯保护的出口继电器 KCO，使断路器跳闸。

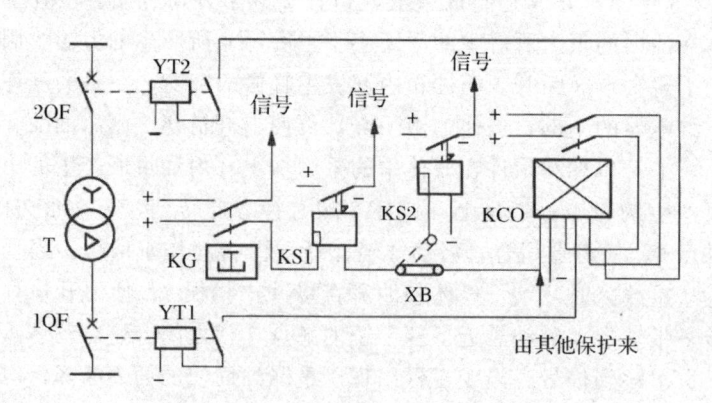

图 5—4 变压器瓦斯保护原理接线图

当油箱内部发生严重故障时，由于油流的不稳定可能造成干簧触点的抖动，此时为使断路器能可靠跳闸，应选用具有电流自保持线圈的出口继电器

KCO，动作后由断路器的辅助触点来解除出口回路的自保持。此外，为防止变压器换油或进行试验时引起重瓦斯保护误动作跳闸，可利用切换片 XB 将跳闸回路切换到信号回路。

瓦斯保护的主要优点是动作迅速、灵敏度高、安装接线简单、能反映油箱内部发生的各种故障。其缺点是不能反映油箱以外的套管及引出线等部位上发生的故障。因此瓦斯保护可作为变压器的主保护之一，与纵差动保护相互配合、相互补充，实现快速而灵敏地切除变压器油箱内外及引出线上发生的各种故障。

三、变压器的纵差动保护

变压器纵差动保护主要用来反映变压器油箱内部、套管及引外部出线上的相间短路故障。它的工作原理与发电机的纵差动保护基本相同。变压器两侧装设的电流互感器按循环电流法接线，两电流互感器之间为纵差动保护的保护范围。保护动作后，瞬时将变压器两侧的断路器断开。

由于变压器两侧电流的大小和相位都不相同。两侧电流互感器的型式、变比和接线方式也不相同，并且在电源侧电流互感器中有励磁电流存在，特别是在空载合闸时，将有很大的励磁涌流出现。这些特点都将导致差动回路中的不平衡电流大大增加，使变压器的纵差动保护处于不利的工作条件下，构成了变压器纵差保护的特殊问题。因此，应采取下列措施减小或消除不平衡电流对纵差动保护的影响。

（1）当变压器采用 Yd11 接线时，变压器两侧的电流互感器应采用 Dy1 接线，以实现相位补偿。

（2）当变压器两侧的电流互感器的变比不能理想匹配时，应增设平衡线圈，以实现数值补偿。

（3）对于空载合闸时出现的励磁涌流，可采用带短路线圈的速饱和型差动继电器来消除，也可通过识别励磁涌流的间断角来闭锁保护。

（4）对于外部短路时所产生的不平衡电流，可通过提高保护的整定值避免这种影响。

四、变压器的过激磁保护

（一）变压器过激磁的产生及其危害

变压器感应电压表达式为：

$$U = 4.44fNBS$$

式中 f ——工作频率；

N ——绕组匝数；

B ——工作时的磁通密度；

S ——铁心截面积。

变压器的绕组匝数 N 及铁心截面积 S 都是常数。令 $K=1/4.44NS$，则变压器的磁通密度为：

$$B = K\frac{U}{f}$$

即工作磁通密度与电压和频率的比值成正比。变压器在运行中，因电压升高或频率降低，将导致变压器的铁心严重饱和、损耗增大，磁通密度超过额定磁通密度，即产生了过激磁。对于连接到高压供电系统的变压器，正常运行时具有恒定的电压和频率，即使在负荷变动时，电压和频率变化的幅度也不大，故出现过激磁的机会较少。但是由于系统解列甩负荷、发电机强行励磁、变压器分接头使用不当以及铁心谐振过电压等原因，都可能引起变压器过激磁。

对于某些大型变压器，当工作磁通密度达到额定值的 1.3～1.4 倍时，励磁电流的有效值可达到额定负荷电流值。由于过激磁时，电流中含有大量的高次谐波分量，而铁心及金属构件的涡流损耗与频率的平方成正比。因此过激磁电流的热效应大于基波电流的热效应，这将会加速绝缘老化、缩短变压器的使用寿命，最后导致故障发生。因此，近年来在超高压系统中的变压器上已普遍装设过激磁保护。

（二）变压器的过激磁保护

变压器的过激磁倍数为：

$$n = \frac{B}{B_N}$$

式中 B_N ——额定工作磁通密度；

B ——实际工作磁通密度。

因 $B = K\dfrac{U}{f}$，

$$n = \frac{U/U_N}{f/f_N} = \frac{U_*}{f_*}$$

即过激磁倍数等于电压标幺值 U_* 与频率标幺值 f_* 之比。

篇幅所限，这里不再对其他保护方式进行介绍。

第四节 输电线路的高频保护

一、高频保护的作用及分类

(一) 高频保护的作用

对于 220kV 及以上的输电线路，为了缩小其故障造成的损坏程度，满足系统运行稳定性的要求，常常要求线路两侧瞬时切除被保护线路上任何一点故障，即要求继电保护能实现全线速动。因此，为快速切除 220kV 及以上输电线路的故障，在纵差动保护原理的基础上，利用输电线路传递代表两侧电量的高频信号，以代替专用的辅助导线，就构成了高频保护。

在高频保护中，为了实现被保护线路两侧电量（如短路功率方向、电流相位等）的比较，必须把被比较的电量转变为便于传递的高频信号，然后通过高频通道自线路的一侧传送到线路的另一侧去进行比较。高频通道的形式较多，其中最常用的是载波通道，即利用输电线路传送频率很高的载波信号。因为载波频率低于 30kHz 时干扰太大，高频阻波器制造困难，而高于 500kHz 时能量衰耗太大。目前所使用的载波频率一般为 30～500kHz。高频保护具有如下特点：

(1) 在被保护线路两侧各装半套高频保护，通过高频信号的传送和比较，以实现保护的目的。它的保护范围只限于本线路，在参数选择上不需要与相邻线路的保护相配合，因此可瞬时切除被保护线路上任何一点的故障。

(2) 高频保护不能反映被保护线路以外的故障，故其不能做下一段线路的后备保护，所以还需装设其他保护，如距离保护，作为本线路及下一段线路的后备保护。

(3) 选择性好，灵敏度高，广泛用作 220kV 及以上输电线路的主保护。

(4) 保护有收、发信机等部分，接线比较复杂，价格比较昂贵。

(二) 高频保护的分类

高频保护按比较信号的方式可分为直接比较式高频保护和间接比较式高频保护两类。

(1) 直接比较式高频保护是将两侧的交流电量经过转换后直接传送到对侧去，装在两侧的保护装置直接对交流电量进行比较。如电流相位比较式高频保护，简称相差动高频保护。

(2) 间接比较式高频保护是两侧保护设备各自只反映本侧的交流电量，而高频信号只是将各侧保护装置对故障判断的结果传送到对侧去。线路每一侧的保护根据本侧和对侧保护装置对故障判断的结果进行间接比较,确定应否跳闸。这类高频保护有高频闭锁方向保护、高频闭锁距离保护等。

二、高频通道的构成

高频通道就是指高频电流流通的路径,用来传送高频信号电流。目前广泛采用的是输电线路载波通道,也采用微波通道或光纤通道。

高压输电线路的主要用途是输送工频电流。当它用来作高频载波通道时,必须在输电线路上装设专用的加工设备,即在线路两端装设高频耦合和分离设备,将同时在输电线路上传输的工频和高频电流分开,并将高频收发信机与高压设备隔离,以保证二次设备和人身安全。利用输电线路构成的高频通道的方式为相一地制,即利用输电线路的一相和大地作为高频通道,这种通道所需连接设备少,比较经济,因而得到广泛的应用。

（一）阻波器

阻波器由电感和电容组成,并在载波工作频率下并联谐振,因而对高频载波电流呈现的阻抗很大（约大于 1000Ω）；对工频电流呈现的阻抗很小（约小于 0.04Ω）,因此不影响工频电流的传输。

（二）结合电容器

结合电容器是高压输电线路和通信设备之间的耦合元件。由于它的电容量很小,所以对工频呈现很大的阻抗,可防止工频高压对高频收发信机的侵袭；但对高频呈现的阻抗很小,不妨碍高频电流的传送。另外,结合电容器还与连接滤波器组成带通滤波器。

（三）连接滤波器

它由一个可调节的空心变压器和电容器组成,改变电容或变压器抽头,即可达到两侧阻抗匹配,使其在载波工作频率下,传输功率最大。

（四）高频电缆

它将位于集控室内的收、发信机与位于高压配电装置中的连接滤波器连接起来。因为工作频率很高,如果高频电缆使用普通电缆将引起很大衰减,因此一般采用单芯同轴电缆。

（五）高频收、发信机

它的作用是发送和接收高频信号。通常两侧发信机发出的频率相同,收信机同时收到本侧和对侧发信机发出的信号,这种方式叫做单频制。

（六）接地开关

它的作用是在检修或调整收、发信机及连接滤波器时进行安全接地。

三、高频闭锁方向保护

高频闭锁方向保护是利用高频信号比较线路两端功率方向，进而决定其是否动作的一种保护。保护采用故障时发信方式，并规定线路两端功率由母线指向线路为正方向，由线路指向母线为负方向。当系统发生故障时，若功率方向为负，则高频发信机启动发信；若功率方向为正，则高频发信机不发信。

高频闭锁方向保护利用非故障线路的一端发出闭锁该线路两端保护的高频信号，而故障线路两端不需要发出高频闭锁信号，这样就可以保证在内部故障并伴随高频通道破坏时（例如通道所在的一相接地或断线），保护装置仍然能够正确地动作，这是它的主要优点，也是它得到广泛应用的主要原因。

如图 5—5 所示是用机电式继电器实现的高频闭锁方向保护原理接线图。该图为被保护线路一端的半套高频闭锁方向保护的原理接线图，另一端的半套保护与此完全相同。保护装置由以下主要元件组成：

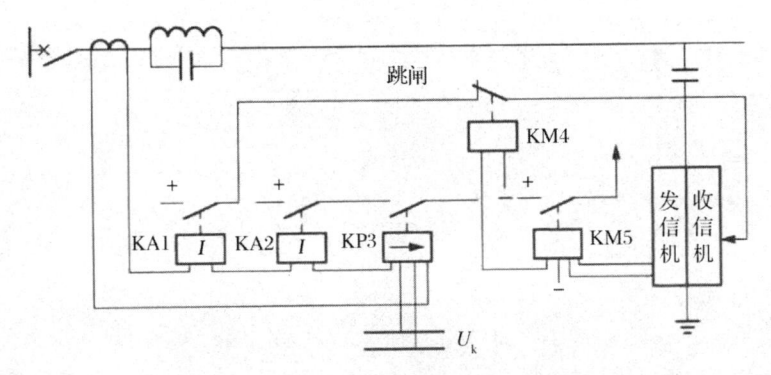

图 5—5 高频闭锁方向保护的原理接线图

（1）启动元件 KA1 和 KA2，二者灵敏度不同，灵敏度较高的启动元件 KA1，只用来启动高频发信机，发出闭锁信号，而灵敏度较低的启动元件 KA2 则用于准备跳闸的回路。

（2）功率方向元件 KP3，用以判别短路功率的方向。

（3）中间继电器 KM4，用于在内部故障时停止发出高频闭锁信号。

（4）带有工作线圈和制动线圈的极化继电器 KM5，用以控制保护的跳闸回路。

在正方向短路时，KM5 的工作线圈在线路本端保护的启动元件 KA2 和方向元件 KP3 动作后供电，制动线圈在收信机收到高频闭锁信号时，由高频电流整流后供电。极化继电器 KM5 当只有工作线圈中有电流而制动线圈中无电流时才动作,而当制动线圈有电流或两个线圈同时有电流时均不动作。这样,就只有在内部故障、两端均不发送高频闭锁信号的情况下,KM5 才能动作。

第六章　火电厂设备检修与管理

第一节　设备点检定修

一、点检和精密点检

点检：是借助人的感官和检测工具按照预先制定的技术标准，定人、定点、定周期地对设备进行检查的一种设备管理方法。仅从字面解释就是对某个点检查的一种方式，一个过程。

精密点检：是指用检测仪器、仪表，对设备进行综合性测试、检查，或在设备不解体的情况下，运用诊断技术，特殊仪器、工具或特殊方法测定设备的振动、温度、裂纹、变形、绝缘等状态量，并将测得的数据对照标准和历史记录进行分析、比较、判定，以确定设备的技术状况和劣化程度的一种检测方法。

从最初美国提出预防性检修，到日本软件完善，再到中国的消化吸收，特别是设备管理中预知性和状态检修理念和方法的进步，使原来的点检模式和有关制度已经发生了质的变化，简单粗放的五感（视、听、触、嗅、味）和一些简单的工器，已经不能满足设备管理的要求。技术上，点检在向精密点检发展，开展设备的预知性诊断。在点检的管理体制中，也发生了一些新的变化。一些有检修队伍的老企业，实行点检制后，有的蓬勃发展，有的激化矛盾，退回传统的专业管理模式；而新的电厂，都无一例外地实行设备部管理下的点检定修制。然后，点检员已从原来的纯粹因设备管理需要，进行设备故障规律分析的单一技术人员，演变成兼有外包队伍安全管理和部分行政管理的角色。无疑，这对于设备管理新的理念的推广有一定影响。点检为设备的主动管理提供了一种最基本，并已被广泛接受的方式。特别是精密点检的开展，为设备的预知性检修提供了保证，并为进行更广泛的状态检修和优化检修提供了条件。

点检日常工作包括：点检标准的编制、点检计划的编制和实施（含定期点检、精密点检和技术监督)、点检实施的记录和分析、点检工作台账。具体内容是：点检巡回检查标准和计划的编制，做到定点、定标准、定人、定周期、定方法、定巡查路线，并正常实施做好实际记录和分析；建立点检工作台账；开展日常分析和月度总结工作，确定重点关注部位，对有异常现象的一些设备加大巡查力度。

点检的"8定"：定点、定检、定人、定周期、定方法、定量、定作业流程、定点检要求。

(1) 定点：科学地分析，找准设备易发生劣化的部位，确定设备的维护点，以及漏点的点检项目和内容。

(2) 定检：按照检修技术标准的要求，确定维护检查的参数（如间隙、温度、压力、振动、流量、绝缘等）和正常工作范围。

(3) 定人：按区域、设备、人员素质要求，明确专业点检员。

(4) 定周期：制定设备的点检周期，按分工进行日常巡检、专业点检和精密点检。

(5) 定方法：根据不同设备和点检要求，明确点检的具体方法如用感官或用仪器、工具进行。

(6) 定量：采用技术诊断的劣化倾向管理的方法进行设备劣化的量化管理。

(7) 定作业流程：明确点检作业的程序，包括点检结果的处理程序。

(8) 定点检要求：做到定点记录、定标处理、定期分析、定项设计、定人改进、系统总结。8定中的前6定属于技术操作层面的要求，后2定是对点检管理的要求。

应该说，实施点检定修的核心是点检，而其中最关键的莫过于8定，只有做好8定，做到对设备现实状态的把握和潜在风险的判断分析，才能对计划检修项目和预防性检修项目准确确定，具有现实意义，也为开展精密点检、状态检修，积累资料打下坚实的基础。收集和积累资料是一项繁重的工作，如大海捞针，千百次的检查未必能发现有价值的状态信息，会导致人的精神麻痹、思想松懈。简单的事，千百次重复不容易，而把简单的事千百次做对，更不容易。要培养点检人员"十年磨一剑"的思想。要从大量的状态数据中，发现规律性的东西，将其变成自己的宝贵财富。特别是相关的管理制度要能激励点检人员吃苦耐劳，敢于创新和勇于担当。对发现隐患和设备隐患的员工进行宣传和表扬，形成发现问题、解决问题、研究问题的氛围。从顶层设计开始，领导和生产部门负责人积极参加点检的分析会，介入点检的日常工作，帮助他们优化检查设备的"穴位"，准确把握设备的重点；优化标准，确定更加精确的标准范围，有利于尽早发现隐患；优化人员结构，把合适的人用到合适的位置，特别是对新进大学生进行专门的培养；优化检查周期，在保证重点突出、兼顾一般原则下，减少巡查的工作量，或者改进在线分析监测设备，加强状态监测力度；优化检查方法，原有的靠五感的如中医中的望、闻、问、切等简单的工具手段，已经不能满足现代化设备的管理需要，不断推进使用如西医的精密诊断的仪器仪表，将逐渐成为主流；优化定量分析，利用统计方法或模糊数学的思维方式，在似乎没有规律、没有关联性的数据中找出规律和趋势。

作为点检定修制的责任主体，点检员不仅通过点检、精密点检、监测和分析等方法手段，提出并确定预知性检修项目、预防性检修项目、维护保养项目、应急抢修方案、缺陷分析等，而且监督检修质量，提供备品等物资支援。

找准设备的"穴位"，找准检查内容、方法、周期、标准，不仅需要个人和集体的努力，还要使用更加科学的方法，即以可靠性为中心的状态进行检修。

二、设备定修

设备定修是在推行设备点检管理的基础上，根据预防性检修的原则和设备点检结果，确定检修内容、检修周期和工期，并严格按计划实施设备检修的一种检修管理方式。其目的是合理延长设备检修周期，缩短检修工期，降低检修成本，提高检修质量，并使日常检修和定期检修负荷达到最均衡状态。

现在，有些电力企业的定修分为大修、中修、小修、节日检修四种类型。这是从传统的大修、小修演变过来的。检修周期也有所变化，小修从八个月变为一年；大修从四年变成六年，在两次大修中间，把小修变成中修。检修内容也从原来盲目的大拆大卸，变成根据运行状态精密判断，进行有侧重、有针对性的检修。把设备按重要程度分为A、B、C三类。点检定修的工作重点放在A、B类设备上。

设备分类原则：A类设备是指该设备损坏后，对人员、电力系统、机组或其他重要设备的安全构成严重威胁的设备，以及直接导致环境严重污染的设备；B类设备是指该设备损坏或在自身的备用设备皆失去作用下，会直接导致机组的可用性、安全性、可靠性、经济性降低或导致互不干涉的设备污染，本身价格昂贵且故障检修周期或者备件采购（或制造）周期较长的设备；C类设备是指除A、B类设备以外的其他发生设备。

根据设备重要性划分的A、B、C类设备，采用不同的定修策略。对A类设备的预防性检修为主要检修方式，并结合日常点检管理、劣化倾向管理和状态监测的结果制定设备的检修周期，并严格执行。对B类设备采用预防性和预知性检修相结合的检修方式，检修周期应根据日常点检、劣化倾向管理和状态检修监测的结果及时调整。对 C 类设备以事后检修为主要检修方式。

把设备按轻重缓急划分为 A、B、C 三类设备，无疑是符合设备管理的主导思想的。但由于发电设备的复杂性和可预知性不同，对设备故障规律的掌握不同，因此划分是一项非常困难的事情。目前，未发现一个电厂能做出标准模式，几乎都在摸索和探讨之中，一般都把锅炉、本体、汽轮机本体、发电机、主变压器、脱硫设备、计算机控制中心、继电保护装置、带保护测点自动调节划为 A 类设备，把锅炉送风机、一次风机、密封风机、磨煤机、捞渣机、给泵、凝泵、循泵、增压风机及风机划为 B 类设备，其他划分为 C 类设备。

对 A 类设备，实施预防性计划检修，制定一定的年修模式。在执行检修项目时，除按标准项目执行之外，还应考虑平时通过状态监测发现的潜在风险，如汽轮机振动等，制定一些特殊项目进行专项研究，查找根源性原因。对 B 类设备，则侧重于平时的状态监测和预知性检修技术，如振动监测、红外线监测、润滑油监测、声振监测、水化学监测。同时利用寿命管理的方法和以可靠性为中心的状态检修模式，分析出设备的故障规律、寿命规律和风险规律。利用大修、中修、小修的机会彻底解决，同时抓住节日检修机组调停等机会进行重点检查或检修，必要时在低谷不影响发电负荷的情况下有计划地组织检修。对 C 类设备，则重在消缺。

由此可以看出，对 A 类设备采用预防性检修是宁可过度检修也一定要确保检修内的可靠性。对 B 类设备采用预知性检修可以做到既不过检修也不欠检修，既保证设备可靠又降低检修费。对 C 类设备事后检修则会造成欠检修，完全发挥出设备部件寿命，减少费用。

所以 B 类设备的状态控制变成了设备管理的重点和难点，尤其在对设备预知性检修和状态检修的技术研究和使用上困难更大、要求更高、责任更重。B 类设备管理成为引进设备管理中技术创新和管理创新的突破口，自然会带来一定的风险，需要精心组织、精密点检、精确判断、慎重行事，尽可能把损失降到最低限度。无论如何，通过专业化、科学化的管理比听之任之、听天由命、被动检修要好得多。

在推动 B 类设备预知性检修实现设备受控、状态检修的过程中，可以把好的方法、经验应用于 A 类设备中。例如，以可靠性为中心的状态检修中的风险分析方法，完全可用于 A 类设备的项目确定，以增加 A 类设备检修的主动性、针对性。把寿命理念应用到 C 类设备中，有针对性地采取延长寿命的措施，则可大大减少 C 类设备的故障率，也是增加经济性、减少费用的一种方法。

对不同类设备采取不同的方式、方法，目的都是通过检修增加设备的可靠性、经济性。所以只要目的达到，检修手段和方式、方法可以进一步深化扩展。

在定修执行过程中，检修过程管理显得尤为重要。在协调安全、质量、工期等诸多条件中，特别应当注意设备检修质量。质量才是设备管理的出发点和落脚点，才是设备安全、可靠和经济运行的条件和前提，才是全厂安全生产的本质保证。所以抓检修工程质量，应特别注重质量保证体系建设，梳理和细化验收流程和验收标准，严格执行工艺纪律和工艺要求。对技术改造项目和非标项目，按管理流程审批质量控制点（W点、H点）。对标准项目，执行工艺制度。不管遇到什么问题，都不能牺牲质量来达到某种临时成果，把检修以后的长周期运行作为重要的评价指标，对投运后发生的缺陷按重要程度和对设备安全可靠的经济指标影响大小进行后评价，并给予相应的考核，从而推动检修工程管理实行 PDCA，达到良性循环。

定修工作包括：定修计划编制和执行、定修的实绩记录和分析、定修项目的质量监控管理。具体有定修计划的报批和执行、定修项目的修前分析和修后总结、定修项目过程实施中的质量控制和管理。对计划性检修和预知性检修项目，通过诊断分析技术等手段进行修前预判断，通过检修过程（解体）查找设备损坏部位，从而不断总结提高预知性检修水平。

三、点检定修管理

（一）点检管理

1. 点检的巡回检查

点检的巡回检查传统意义上是携带一些简单的工具，如听棒、测振仪，到现场对设备和管道系统，通过望、闻、问、切等方式进行的检查活动。后来，随着振动分析仪（可以测量位移、速度、加速度、频谱分析、包络分析等）、红外点温仪、红外成像仪以及油颗粒度分析仪、铁谱分析仪等精密点检设备的使用，点检的内容和深度得到扩展。特别是信息技术的发展，使很多状态监测变成了在线监测，如汽轮机振动在线监测和远程诊断、发电机故障在线监测系统、锅炉寿命管理系统、锅炉四管泄漏报警系统等，有的还实现了重要辅机的振动在线监测和分析。很多监测内容不用到现场测量，在自己的计算机上就可以收集分析和判断，大大提高了效率，也大大提高了设备故障诊断的准确性，提高了设备故障的预测、预知水平，同时改变了点检巡回检查的方式和内容。

不管用什么方式实现状态监测的项目，在广度和深度上，应该不断地推进和加强。其中，找准各个敏感的关键点、关键的穴位尤为重要，可以达到事半功倍的效果。点检员个人经验总结，技术组的集体讨论，都可以为寻找到关键部位的潜在隐患提供帮助。相对比较科学的方法是以可靠性为中心的状态检修中的风险分析方法，即召集同类设备的管理专家，采用头脑风暴形式，对每个部件可能造成的设备故障概率和危害度进行定量评估，确定危害度的大小、可检测内容、监测方法、监测周期、监测标准。这种方法得出的结论，虽不能说很完美，但能够找到所有的风险，能够评估所有危害的大小，且毕竟是真正的专家毫无保留的经验积累，具有相对的准确性和一定的权威性，容易被接受和执行，相比较靠老师傅的经验和一个技术组的智慧有了很大的进步。特别是对于一个新的电厂，点检的经验、技术组的水平还很有限，进行一次各类设备专家的风险分析评估，确定监测点、监测内容、监测方法、监测周期、监测标准很有必要。

巡回检查是发现事故隐患、保证安全运行的重要措施之一，是点检员每天最重要的工作。只有认真执行巡回，才能及时发现异常，防止事态扩大。所以，对点检员的巡查要求带有强制性和导向性。要鼓励发现问题、解决问题。

根据设备运行性质及特点确定巡检路线、巡检内容、重点部位、巡检周期、判断标准，还要根据运行方式、检修状态、气候条件等特殊情况，增加巡回检查次数，对薄弱环节要重点检查。

有条件开展精密点检的电厂，可以针对一些重要设备，进行综合监测，实行矩阵管理。

2. 设备状态分析

点检从现场或微机上每天收集数据如振动、温度、运行参数等，有的还有频谱分析、红外监测、油液分析等数据，这些数据可以说量大，面广，繁杂。只靠一个点检员的力量进行分析显然是不够的，尤其是刚毕业的大学生，很难从中发现风险存在的端倪。有些电厂成立设备故障诊断中心，就是一种技术专业化管理的方式，也是一种趋势。但局部的技术优先还不能代替整体的设备管理理念。

从组织上明确专业管理，整体观念，集体意识，共担责任和风险很有必要。否则，不但支离破碎，没有战斗力，而且久而久之，故步自封，独自为大，甚至还不如传统的管理模式。许多电厂，尤其是老厂，实行点检定修模式后，扯皮推诿现象严重，退回到原来的管理方式。

专业分析会制度是打破个人独断，推动整体管理的一个有效的方法。不但能检查各个点检员的工作情况，而且能发挥整体优势，对设备的状态准确地做出判断，制定出精确的方案。同时，对于一支队伍的培养和建立友善的合作氛围至关重要。

专业组会议，主要集中在月度分析会和突发性抢修分析会。

专业组每月讨论的内容应该包括：日常点检执行情况；定期维护、加油脂执行情况；缺陷分析、设备状态参数、劣化趋势（寿命管理）分析、改进意见；检修工艺及检修质量情况和三级验收制度执行情况；备品耗材到货情况；异常情况下的跟踪分析执行情况；对已做的预知性检修准确评价、改造项目跟踪后评价；确定本月预知性检修项目。总结一个月来设备定期分析工作的开展情况，对设备的安全状况作评价，对设备隐患及重大缺陷作分析。

3. 设备异常情况下的管理

设备异常是指设备的运行参数、状态监测数据（振动、温度、异音等）、试验数据出现异常升高，对安全生产构成威胁的状态。发电、检修、点检或其他相关生产人员现场发现设备异常情况后，首先通知运行人员、设备主人或检修班组的班长。设备主人接到通知后，立即到现场确认并以最快的方式通知专业组全体人员。在厂的专业组人员要立即到现场，专业组在专业组长的主持下召开现场会（未到场人员一定要根据通报情况，发表自己的观点和看法），在确认异常情况的性质、危害后，可分三种情况区别对待。①立即采取措施，实施检修。针对设备异常情况，决定立即进行检修，拿出处理意见，同时制定好组织措施和技术措施、安全措施，报相关领导批准后，由检修人员执行。处理结束后，由设备主人做好详细记录，以便以后设备检修时参考。②跟踪观察分析。针对设备异常情况，还没有严重到对安全生产构成直接威胁的立即处理阶段，决定进行跟踪观察的，专业组要明确跟踪观察责任人、观察内容、时间间隔、超限标准及超限后的处理预案，并报上一级批准后执行，同时应针对不同设备制作详细跟踪记录表格。对需要 24h 连续跟踪监视的异常情况，做好排班工作。③根据观察分析情况，制订检修计划。设备异常情况下认为可以运行的，要加强观察，在加强跟踪观察的基础上，根据异常情况的性质、潜在危险程度，结合长期积累的寿命（管理）分析经验和状态分析经专业组讨论，确定检修内容，准备好相关备品，结合机组大、中、小修及临检及时处理，开出检修工单，报上级审批后，由检修人员执行。

针对异常情况的特征，应立即举一反三，对同类型设备、同工况下运行设备进行排查，制定措施，把隐患和危害消除在萌芽状态。结合每月召开的专业组会议，讨论评价异常情况下处理过程的合理性、处理方法的正确性、预知性、检修的准确性和备品配件到位的及时性，以便进一步提高异常情况下应急处理水平、预知性检修水平。同时制定防范措施，通过调整参数、改进维护和技术改造，延长设备使用寿命。

(二) 定修管理

定修通常是指有计划的大修、中修和小修，而节日检修也带有一定的计划性，排在检修管理当中。

大修是对发电机组进行全面的解体检查和修理，以保持、恢复或提高设备性能，其标准项目根据发电企业检修规程并参照制造厂的要求以及设备的状况、机组性能试验结果而确定。中修是根据机组设备状态评价及系统的特点和运行状况，有针对性地实施部分大修项目和定期滚动检修项目，对大修标准项目进行有条件的删减。小修是根据设备的磨损、老化规律，有重点地对机组进行检查、评估、修理、清扫和消除设备与系统的缺陷，对锅炉进行全面的防磨、防爆检查。节日检修的主要内容是消除设备和系统的缺陷，对锅炉重点部位进行防磨、防爆检查。

大修、中修由于项目多、时间长、计划准备难、组织要求高，特别强调过程控制和节奏的把握，尤其是安全风险大，因此受到各级领导的重视。小修和节日检修主要以消缺为主。有的电厂则会抓住机会，大范围地开展预防性检查和保养维护，如锅炉"四管"的检查，电气、热工设备的清扫等。

这四种检修类型都有一个共同的特点，就是计划性。有计划性就意味着有准备，有目标，有项目，有措施，有方案，有组织管理，有闭环检验，有总结提高。

检修计划必须从实际出发，本着"预防为主、计划检修"的原则，在编制检修项目时必须在研究分析设备和设施基本状态的基础上，以《发电企业设备检修导则》、设备状态评价报告、安全性评价、技术监督、耗差分析和可靠性分析、经济性评价等结果为重点，结合对能耗指标的要求，统筹制定，综合平衡。机组检修要以提高安全、可靠性指标和降低损耗为重点，科学合理地利用好有限的资金、物资和人力。要积极采用成熟可靠的新技术、新工艺、新产品，促进设备健康水平的提高。

所有工作都是围绕检修项目和检修内容这个中心开展的。所以检修项目、检修内容的讨论和确定就显得非常重要。而从设备管理全寿命周期的角度讲，通过检修，要保证到下一个检修期间的设备可靠性、经济性，就必须在确定项目时，找到每台设备的薄弱环节和潜在隐患。

确定检修项目和检修内容时，应考虑以下方面：①厂家要求的检修项目；②进行较全面的检查、清扫、测量和修理；③进行定期监测、试验、校验和鉴定；④更换已到期的需要定期更换的零部件；⑤技术监督规定进行的一般性检查工作；⑥消除运行中发生的缺陷；⑦重点清扫、检查和处理易损、易磨部件，必要时进行实测和试验；⑧锅炉受热面的防磨、防爆检查；⑨机组辅助设备的检修；⑩A、B级检前、后必须安排性能试验，修前试验是为了解机组修前经济水平、主辅设备健康水平，修后必须进行性能试验、优化调整试验；⑪特殊项目。对运行的分析报告，应给予足够的重视，特别是对于运行操作、自动投入、保护改进的意见，应尽力完善实施。对于保护人身的安全措施、设备反事故措施、安全评价整改项目，以及脱硫脱硝环保项目，要落实完成。凡是只有停机才能检修的设备，其检修应与机组检修同步进行。

各级检修的标准项目可根据设备的状况、状态监测的分析结果进行增减。大修、中修对于主设备、重要辅助设备，由于倾向于过检修，那在确定项目时，应该偏于保守。除非有绝对把握，保证不修也可以维持设备在下一个周期内安全、可靠地运行，才可以削减检修项目。但点检在确定项目时，要根据平时的检查分析情况，做出预判断，以便检修解体过程中进行验证。如此进行不断地总结，提高故障诊断和对设备异常预知判断的水平。小修、节日临检，由于时间紧、费用低，能开展的检修有限，必须考虑好钢用在刀刃上，合理优化检修项目、检修内容。除像中速磨的 C 磨必须过检修外，其他设备项目要充分分析设备状态，力争不出现过检修。当然，也不能欠检修，追求恰到好处。

检修的质量管理是设备管理中重要的一环，甚至可以决定设备的安全稳定运行，反映设备管理的好坏。检修后的长周期运行是反映质量管理与控制成效的一个关键指标。也就是说，检修的一切工作应该紧紧围绕检修质量，以达到修后长周期运行的目标来开展。与检修质量有关的工作主要有质量控制、备品配件、检修节奏。

检修质量的好坏的关键是质量控制。要做到质量受控，最有效的方式是建立质量体系，制定质量计划书，编制作业指导书。在检修前，下发所有检修项目的质量控制点，即质量待检点和见证点（W/H）。尤其是技改项目，会有很多需要把关和验证的地方，应该明确说明，保证质量在控、受控。检修过程中，作为设备最主要的管理人员，应加大对检修过程的检查和监督力度，特别是工艺方面，有些没有什么标准，全靠工人的技艺，这就更需要全过程的旁站监督控制。检修后，还有许多检验性质的试验，如气密性试验、水压试验、转机试转、大联锁试验以及开机过程的电气汽机，还有热态性能试验等。试验过程中发现的问题，除了及时解决，还需举一反三，将同类问题彻底解决。

备品配件的验收和及时到货情况是会影响检修质量的。假如备品配件到货迟，验收时，即使发现存在质量问题，也已经没有时间更换，而只好让步接收，给修后的设备埋下了隐患。

一些管理者认为，安全、质量、进度是相互矛盾的。抓进度，安全和质量就得不到保证；抓质量，慢工出细活，则会延长时间，导致最后抢过去，威胁安全；抓安全，措施多，工作慢，工期长，抢工期，质量差。其实，问题的关键是工作计划的科学性和工作执行的节奏性。如果能制订详细的、科学的检修计划，各项工作有序开展，则安全、质量和进度都能达到很好的控制。特别是设备解体、修理后的组装时期,是保证质量的关键阶段,留有足够的时间和投入足够的人力才能使质量得到保障。

修后总结,做好记录和台账,为可能出现的异常情况提供可分析的资料,也可为下次检修提供经验。

(三)设备维护保养管理

1. 设备缺陷管理

凡因设备原因导致的威胁安全生产、影响经济运行、污染文明生产环境等异常情况,均为设备缺陷。

设备缺陷的管理是设备管理的重要环节,各有关人员均应加强对设备缺陷的管理,掌握设备缺陷的发生及发展规律,并能及时发现并主动消除设备缺陷。

设备缺陷管理是电厂日常管理中最重要、最主要、最基础、最频繁的一项工作。设备管理好的厂,设备缺陷平均每天十几条;差的厂,每天有几十条。这些缺陷日复一日,年复一年,如不能及时消除,则日积月累,堆积如山,会严重危及机组的安全稳定运行。特别是有些缺陷,一旦发生,会严重威胁到人身安全或造成重大设备损坏,必须得到控制和及时处理。对于一般缺陷,也应该快速处理,避免积压而影响备用或影响运行人员处理突发事件的手段。所以说,电厂使用什么样的方法和手段加强缺陷管理都是应该的。有的厂提出"小缺陷不过天,大缺陷不过夜"连续处理,日事日清;有的厂提倡预知性检修,追求"避免大缺陷,减少小缺陷",以有没有突发性抢修,作为评价设备管理好坏的标准。控制大缺陷,减少小缺陷应该是设备管理努力争取的一个目标。

为实现设备管理的精细化,一般把缺陷分为三类:"一类设备缺陷"(也称重大缺陷)指严重威胁系统主设备安全运行及人身安全的重大缺陷;"二类设备缺陷"(也称重要缺陷)指暂时不影响机组继续运行,但对设备安全经济运行和人身安全有一定威胁,继续发展将导致设备停止运行或损坏,需机组停役或降低出力才能消除的缺陷,以及虽对设备安全经济运行和对人身安全没有威胁,也不影响出力,但造成严重环境污染的缺陷;"三类设备缺陷"指不需要停用主设备或降低出力,可随时消除的设备缺陷,以及不影响主设备的运行,可结合检修或停机备用期间进行消除的缺陷。

对于三类缺陷,有一部分应该给予重视,如影响重要辅助设备备用的缺陷、可能有威胁电气或热工保护的风险以及需解除保护或联锁的缺陷等。这些缺陷虽没有影响主设备安全稳定运行,没有降低负荷处理,但是,对于非计划停运要求越来越高的今天,应该力求排除这类风险。

开展点检、精密点检的目的就是加强对设备运行状态的认知,及时监测、掌握设备的各项健康指标,力争做到预知性检修。特别是一、二类的设备缺陷,无论采用什么精密点检的方法和手段,都必须尽力控制。如果出现了一、二类缺陷,应加强组织领导,人员应及时到位,严格执行异常情况下的有关管理制度。对三类缺陷,应做好日常的统计分析工作,力争通过技术改造(小改小革)等手段和方法,减少缺陷发生率。每周召开缺陷分析会是梳理、分析缺陷,督促缺陷完成的一个有效方法。

2. 设备的润滑管理

一个电厂,一台机组就有几百台转动设备,有几千个转动部位点。转动部位的润滑主要靠润滑油(润滑脂)。所以,电厂设备维护管理的一项重要内容是排油、补油、滤油、换油管理。

这项工作看似简单,但想做好,能保持转机转动部位温度不高并不容易,特别是夏天,油脂润滑的部位温度突然升高的现象比比皆是。

一般对稀润滑油,通过化学监督、油务管理的方法,能及时发现油质变化情况,通过滤油、换油就能保持润滑油的品质。而油脂则存在流淌性和充满度问题,导致轴承腔室中的润滑脂新旧不均,多少不均,轴承温度变化较大。有些电厂对重点设备的重点部位,增加排油、补油的次数达一个月一次,对于保护转动部件,防止温度突然升高有积极作用。但现场技术人员的一些观点、一些疑虑,不得不引起注意和重视。那就是,由于害怕加油后轴承温度升高,使得加油的点检员出现心理负担,害怕加油,或者说不敢多加油,这样每次加油的质量就大打折扣了。其实,加油后温度升高是正常的,新的油脂进入轴承,由于剪切作用,油脂就会发热,引起温度升高。由于新旧油脂在轴承腔室里不均匀,加油时很可能出现新加的油脂把旧的带有颗粒的油脂推到轴承间隙中,引起摩擦而快速升温。解决的办法是,在排油前,先尽量把旧油脂排尽,避免大的颗粒进入轴承滚道。另外,为防止意外,加油时要打开排油口,这样即使温度升高,也会使融化的油及时排出,减少轴承腔室中油的充满度,对降低温度非常有利。有的厂为打消这些顾虑,或者说是为了降低加油引起温度升高出现异常的可能性,夏天把加油时间放在夜间。有的干脆规定,在机组停运过程中进行全面、彻底的排油、加油,这样即使有问题也不怕。

生产厂家的要求是定期、定量加油。而事实上,由于运行环境不同,运行时间不同,运行方式不同,油脂的劣化时间是不同的。开展油的清洁度、铁谱等精密分析,进行精细化管理,是设备管理的一大进步。

3. 设备的定期切换试验

电厂的重要辅助设备,尤其是重要转机,一用一备的情况比较多,如汽轮机给水泵、凝结水泵、循环水泵、内冷水泵、EH油泵、闭式泵、开式泵、锅炉密封风机、脱硫浆液循环水泵等。

设备定期切换试验，不仅可以验证控制部分的正确性，也可以发现备用设备是否能够真正备用。那么停用的设备是否能真正备用呢？很多电厂并没有重视，这就给突发事件、应急处置带来了隐患。为确保停用备用设备在下一个周期内，始终处于完好状态，在停用前，应该进行一次完整的状态评估。由点检员利用振动分析仪进行一次全面的体检，测量振动的位移、速度、加速度、频谱分析，结合轴承温度以及流量、压力、电机电流等运行参数，给出综合评价。如果发现一些异常或潜在问题，则可以利用停运期间彻底处理。

4. 设备"四保持"

设备"四保持"：保持设备外观整洁，保持设备结构完整，保持设备的性能和精度，保持设备的自动化水平。

"四保持"是对设备管理的一项基本要求。及时消除设备"八漏"（漏煤、漏粉、漏灰、漏渣、漏油、漏水、漏气、漏浆），保持卫生整洁，是创一流企业的需要。而保持设备结构完整，保持设备的性能和精度，保持设备的自动化水平，是保证安全经济运行的前提。特别是自动化水平，不仅影响运行人员的劳动量，还会给运行操作埋下隐患。

设备管理中，经常因为各种理由、各种原因，检修、维护不到位，导致设备由原来自动变成电动，由电动变成手动，由手动变成了不动。而一个好的企业的设备管理，应该把自动控制水平作为一个评价标准，提高自动化的投入率，追求高水平的自动控制，以提高生产效率。把不动变成手动，把手动改成电动，把电动改成自动，从而不断提高设备管理水平。

四、设备点检管理的五层防护体系

第一层防护线是运行岗位值班员负责对设备进行日常巡检，以及时发现设备异常或故障。

第二层防护线是专业点检员按区域设备分工负责设备专业点检，应积极创造条件实行跨专业点检。

第三层防护线是设备工程师或点检员在日常巡检和专业点检的基础上，根据职责分工组织有关专业人员对设备进行精密点检或技术诊断。

第四层防护线是设备工程师或专业点检在日常巡检、专业点检及精密点检的基础上，根据职责分工负责设备劣化倾向管理。

第五层防护线是专业主管、设备工程师或专业点检员，根据职责分工对经济性指标进行综合性精密检测和性能指标测定，以确定设备的性能和技术经济，评价点检效果，合理安排点检管理。五层防护线既体现以点检为核心的精神,又充分发挥与点检管理有关的运行巡检、技术监督、定期试验等工作,做到五层防护各有重点,不产生重复点检,设备数据信息流畅通,分工和职责明确,达到点检工作优化的目标。

第一层和第二层防护线侧重于设备的每日巡查,发现表象上的一些缺陷或故障。第三层和第四层则从精度和深度上,对A、B类设备中可能影响非计划停运或降低负荷的一、二类缺陷的设备部位进行精细化管理和深入研究。第五层防护线提出经济性指标问题。经济性指标固然是点检工作的一项内容,但设备可靠性,如非计停情况,缺陷影响负荷情况和设备预知性检修情况则更应该作为对点检评价的重要指标。虽说运行人员或一般点检员发现深层次的潜在风险比较困难,但绝不应该打消他们的学习热情,应该鼓励他们刻苦钻研系统参数的相关分析和趋势分析以及故障诊断技术。运行人员和点检员是设备主人,对于设备的任何不正常情况,都要追根求源,找到合理的解释。运行人员和一般点检员如能介入设备的状态监测和分析,发现潜在危险并及时上报使设备异常得到处理,则要重奖,从而调动大家的积极性。

根据学习到的理论并经过一定的事件和经验积累,即可对设备的故障特征、故障原理、故障规律,有一定的预期性把握,从而制定出设备控制非计停措施、设备控制异常措施。

在做好内部数据收集,趋势分析,举一反三,消除隐患经验总结的同时,应该加强对九项监督项目的学习和理解。从其他厂或上级技术支持单位(如西安热工研究院)或制造厂家获得有关设备故障、设备改进等可借鉴的技术措施,把一些风险消灭在萌芽状态。

有些电厂成立设备故障诊断中心,重点是开展精密点检,推动新技术、新工具、新理论的应用,可作为防护体系的一项重要内容而发挥应有的作用。

第二节 设备优化检修

一、监测点、内容、方法和周期的优化

监测的项目内容一般有振动值(位移、速度、加速度)、频谱分析、温度以及温升速度等。这些内容有的需要一般点检每天关注;有的需要负责精密点检的人员每天记录;有的可以一周分析一次;有的可以一个月分析一次,等等,如表6-1所示。

表 6－1　　　　　　　设备状态监测的位置、内容、周期

序号	设备名称	检测位置	检测内容	检测周期	备注
1	排粉机	本体非侧水平振动	振动（位移、速度、加速度）	天	每周进行一次频谱分析
		本体轴向振动		周	
		电动机联侧水平振动		周	
		电动机非侧水平振动		周	
		电动机轴向振动		周	
		本体非侧轴承温度	温度和温升速度	天	
		本体非侧轴承温升速度		天	
		本体联侧轴承温度		周	
		本体联侧轴承温升速度			
		电动机联侧轴承温度			
		电动机联侧轴承温升速度			
		电动机非侧轴承温度			
		电动机非侧轴承温升速度			
2	磨煤机	小牙轮非侧水平振动	振动（位移、速度、加速度）	天	每周进行一次频谱分析
		减速箱小齿非侧垂直振动		周	
		电动机联侧水平振动		周	
		磨煤机筒体前瓦温度	温度和温升速度	天	
		磨煤机筒体前瓦温升速度			
		磨煤机筒体后瓦温度			
		磨煤机筒体后瓦温升速度			
		小牙轮非侧轴承温度		周	
		小牙轮非侧轴承温升速度			
		减速机小齿非侧轴承温度			
		减速机小齿非侧轴承温升速度			
		电动机联侧瓦温度			
		电动机联侧瓦温升速度			
		电动机非侧瓦温度			
		电动机非侧瓦温升速度			

第六章 火电厂设备检修与管理

续表

序号	设备名称	检测位置	检测内容	检测周期	备注
3	送风机	本体垂直振动	振动（位移、速度、加速度）	天	每周进行一次频谱分析
		本体轴向振动		周	
		电动机联侧水平振动		天	
		电动机非侧水平振动		周	
		电动机轴向振动		周	
		本体非侧推力轴承温度	温度和温升速度	天	
		本体非侧推力轴承温升速度			
		本体非侧径向轴承温度			
		本体非侧径向轴承温升速度			
		本体联侧轴承温度			
		本体联侧轴承温升速度			
		电动机联侧轴承温度		周	
		电动机联侧轴承温升速度			
		电动机非侧轴承温度			
		电动机非侧轴承温升速度			
4	吸风机	本体垂直振动	振动（位移、速度、加速度）	天	每周进行一次频谱分析
		本体轴向振动		周	
		本体非侧推力轴承温度	温度和温升速度	周	
		本体非侧推力轴承温升速度			
		本体非侧径向轴承温度			
		本体非侧径向轴承温升速度			
		本体联侧轴承温度			
		本体联侧轴承温升速度			
		电动机联侧轴承温度			
		电动机联侧轴承温升速度			
		电动机非侧轴承温度			
		电动机非侧轴承温升速度			

续表

序号	设备名称	检测位置	检测内容	检测周期	备注
5	给水泵	主泵联侧水平振动	振动（位移、速度、加速度）		每月进行一次频谱分析
		主泵非侧水平振动			
		主泵非侧轴向振动			
		电动机联侧水平振动			
		电动机非侧水平振动			
		前置泵联侧水平振动			
		前置泵非侧水平振动			
		前置泵非侧轴向振动			
		本体联侧瓦温度	温度和温升速度	周	
		本体联侧瓦温升速度			
		本体非侧推力瓦温度			
		本体非侧推力瓦轴承温升速度			
		本体非侧瓦温度			
		本体非侧瓦温升速度			
		电动机联侧瓦温度			
		电动机联侧瓦温升速度			
		电动机非侧瓦温度			
		电动机非侧瓦温升速度			
		前置泵联侧瓦温度			
		前置泵联侧瓦温升速度			
		前置泵推力瓦温度			
		前置泵推力瓦温升速度			
		前置泵非侧瓦温度			
		前置泵非侧瓦温升速度			

续表

序号	设备名称	检测位置	检测内容	检测周期	备注
6	凝结水泵	电动机非侧水平振动	振动（位移、速度、加速度）	周	每周进行一次频谱分析
		电动机联侧轴向振动			
		本体联侧导瓦温度	温度和温升速度		
		本体联侧导瓦温升速度			
		本体联侧推力瓦温度			
		本体联侧推力瓦温升速度			
		电动机联侧轴承温度			
		电动机联侧轴承温升速度			
		电动机非侧轴承温度			
		电动机非侧温升速度			
7	循环水泵	电动机非侧水平振动	振动（位移、速度、加速度）	周	每周进行一次频谱分析
		泵体联侧水平振动			
		电动机联侧导瓦温度	温度和温升速度		
		电动机联侧导瓦温升速度			
		电动机非侧推力瓦温度			
		电动机非侧推力瓦轴承温升速度			
		电动机非侧导瓦温度			
		电动机非侧导瓦温升速度			

二、设备优化检修发展的特点

综观国内近几年火电设备状态检修发展的情况，可以看到以下特点：

（1）以高等学校、研究机构、部分科技研发型公司为主的力量，仍然以状态检修支持技术为主攻方向，而且比较集中在设备监测与诊断技术及其系统上，特别在降低技术门槛、促进技术实用化方面做了很多有意义的工作。

（2）在各发电集团公司的领导下，以北仑电厂、外高桥电厂、华能淮阴电厂、邹县电厂、太仓电厂、盘山电厂、沙角C电厂、绥中电厂等为代表的一批发电厂，坚持从企业实际出发建立现代设备管理体制，务实和稳步地推进状态检修，取得了明显成效。

（3）以西安热工研究院、上海发电设备成套设计研究所、华东电力试验研究院、华北电力试验研究院、山东电力试验研究院、华中科技大学、东南大学、华北电力大学等为代表的科研和高等学校，坚持研发先进的实用技术，解决状态检修中的实际问题，包括振动分析、寿命预测、可靠性评价、远程诊断、状态检修决策支持、检修管理、RCM、RBM、点检管理、信息系统等，获得了多项国家科技进步奖的成果。

（4）以中国电力企业联合会科技中心、大唐发电总公司、华中科技大学、华北电力大学等为代表的单位致力于推进各层次状态检修人才的培训工作，累计正规培训超过3000人次，为推进状态检修工作打下人力资源基础。

（5）以华中科技大学、华北电力大学、东南大学等为代表的大学和研究机构，坚持状态检修理论和技术的基础研究，不断完善状态检修的理论基础和技术基础。

三、主要成果

经过多年的努力，状态检修取得的成果是丰硕的。最主要的、有代表性的成果表现在如下方面：

（1）设备管理理念的跨越进步。开展状态检修工作已经在很宽的层面上推广了现代设备管理的理念，使发电行业普遍认识到了一种提高设备可靠性和降低成本的途径。在短短几年时间内，设备管理理念从过去30～40年的沉寂不变跨越了到了一个新阶段。无论是狭义的状态检修还是广义的状态检修，无论是优化检修还是具体的以可靠性为中心的检修，都对设备管理理念的进步起到了关键的推动作用。在此变化期间，相对封闭的电力设备管理也接受了不少其他领域的管理思想。随着发电的市场化,发电企业也需要追逐利润,对企业经营的评估也从重安全到安全与效益并重且安全为效益服务的方向发展。新一轮电源建设高峰之后,随之而来的必定是激烈的发电市场竞争,在设备相差不大的情况下,经营与管理的创新将对企业是否盈利起到决定性作用。设备管理理念的进步是创新的源泉,将会使未来几年火电设备状态检修或优化检修快速踏上一个新台阶。

(2)设备状态评价技术的实用化发展。监测与故障诊断、寿命评价与预测、可靠性评估与判断、统计分析与数据挖掘技术都在不断地发展和完善,过去在实验室里才能完成的分析手段,已经大量实用化。在实用化的过程中,很多技术的研发成为要解决问题的核心,从工程实际和技术经济的角度审视和创新技术,注重目标而简化过程,依靠技术集成绕过纯技术开发的困难,强调可靠、可信、可操作。与此同时,相关的基础研究也在快速发展,为实用技术提供了有力支持。

设备信息管理系统为上述技术的组织与检修决策提供了平台,其自身技术的发展也为现代设备管理提供了基础。

(3)点检模式的普遍认同。点检是状态检修或优化检修的一种方法和手段,基于点检的设备管理是状态检修和优化检修的一种模式。实践表明,点检是符合现今我国火电设备管理现状的,凡是点检开展较好的电厂,其设备管理和检修管理确实取得了长足的进步。因此,可以说点检的发展是近几年状态检修发展的成果。

事实上,点检已经从一种设备检查方法逐步发展为新的设备管理模式,在不同的电厂有不同的特色,虽然沿用"点检"这个名称,但其内涵已经远远超出了传统的点检,点检员的职能也逐步演变为设备管理工程师的职能。正是有了这样的设备管理模式和这样一支设备管理队伍,很多电厂首先针对辅机开展了优化检修,已经成功将过去大修中间的辅机检修部分,转变为依据状态进行检修,甚至在有条件隔离时进行在线状态检修,有效地优化了检修的内容和时间。最近两年的发展表明,针对可检测的项目,点检工作也在为主设备状态检修提供支持,是科学延长大修周期的技术和管理基础。

应该看到,点检的推行从根本上改变了设备管理的模式,更新了设备管理维护人员的思想意识,其潜在的意义是深远的。随着管理和技术的发展,自动化水平的提高,先进监测系统会不断替代部分人工点检,但这只是技术手段的变化,点检形成的设备责任管理模式仍然是有效的。

(4)综合资源管理的引入。对现代电厂来说,资金密集度和人均占有资产率很高,其中设备资产是盈利的根本手段。近几年来,很多管理先进的发电企业充分意识到设备状态检修与资产管理的内在联系，不是孤立地强调状态检修，而是与企业资产管理、经营管理、人力资源管理等联系在一起，进一步提升了设备管理的地位，已经开展的状态检修工作成为资产管理的重要基础。只有在一些这样先进管理体系下，才有可能从控制设备寿命周期总成本的角度开展优化检修。

四、对设备优化检修工作的展望

发电设备状态检修和优化检修的未来走向一定是围绕所追求的根本目标而发展的，以下是几个重要的方面。

（1）更加务实的设备管理机制。状态检修的大部分工作建立在科学管理基础之上，由于已经有了可借鉴的经验和教训，因此无论采取何种具体模式，火电设备管理机制必须要与企业的实际情况相结合。务实、可靠、努力考虑设备寿命周期成本是发展的基本方向。短期之内，"点检＋诊断＋检修决策"仍将是主要的状态检修模式。

（2）更加有效的综合技术手段。各种监测诊断、寿命评价、可靠性评估、性能分析、技术监督技术在发电厂找到了用武之地，但站在状态检修的角度，综合组织这些技术将是重要的发展方向，这种技术的组织应该是有实效的，而不是简单拼凑。在这种需求的拉动下，也会逐渐产生自身为多种技术复合的新的技术形态或集成系统。

（3）更加高效的信息管理系统。设备信息管理系统将真正融入企业的资产管理和企业经营信息系统中，系统具有统一的数据格式和风格，将企业经营状态、设备状态、人力资源、财务状态、备品备件、技术支持等诸多生产和经营要素结合在一起，使信息流动和处理效率大幅度提高。

（4）更加精干的人力资源配置。随着新建电厂在生产稳定后对设备管理关注程度的提高，以及发电厂人力资源管理思想的变化，电厂对设备管理人才的要求将更高，将来也会像要求全能运行值班员一样提出类似要求，设备管理和诊断工程师也需要经过专业培训并持证上岗。电厂中设备管理的人力资源配置将更合理、更加精干。对规章制度和技术标准进行修订完善，为推行设备状态检修提供了可靠的制度保证。

五、重视管理问题

设备状态检修、优化检修是技术问题，但归根结底是管理问题。点检定修制仅仅是设备管理的一种管理方式和手段。其实应用何种模式（形式）并不重要，重要的是实现预知性检修、状态检修或优化检修的结果。调动和培养全部生产人员的设备管理的积极性,特别是提高设备管理人员的系统的管理意识、配合意识和目标意识更加重要。

管理是一门科学,也是一门艺术。解决好设备管理中的责任问题、权力问题、利益问题(责任在设备,权力在任务,利益在分配。)明确设备管理的重点在哪里?(重点在有"技术含量"的地方,努力提高自身技术水平。)知道设备管理的核心是什么?(对电厂而言,核心就是"预",在设备故障之前,发现问题,有计划地解决问题,避免出现更大损失。)

所以,对一个具体的火电企业而言,要做到:①领导重视,人才合理;②目标清晰,责任到人;③制度明确,执行有力。

第三节 设备寿命管理

设备寿命管理是指为实现电厂安全、经济运行,以评估被管理对象的使用寿命损耗为基础对设备进行的技术管理。

设备寿命是指设备使用时间的长短。设备的寿命通常是设备进行更新和改造的重要决策依据。设备更新改造通常是为提高产品质量,促进产品升级换代,节约能源而进行的。其中,设备更新也是从设备经济寿命来考虑的,设备改造有时也是从延长设备的技术寿命、经济寿命的目的出发的。

长期的统计表明,任何设备从出厂之日起,其故障发生率并不是一成不变的。由多种零部件组成的设备系统,其故障率曲线如图6-1所示。图中纵坐标轴表示故障率,横坐标轴表示经历的时间,从时间变化看,曲线明显呈现3个不同的区段。

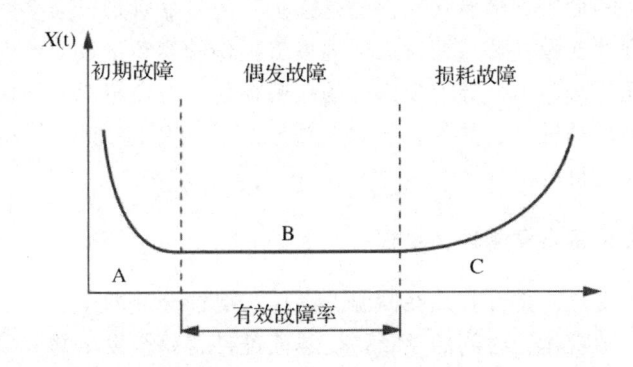

图6-1 全寿命周期的故障率

初期故障期：在设备开始使用的 A 阶段，一般故障率较高，但随着设备使用时间的延续，故障率将明显降低，此阶段称为初期故障期，又称磨合期。这期间的长短随设备系统的设计与制造质量而异。

偶发故障期：设备使用进入 B 阶段，故障率大致趋于一个较低的定值，表明设备进入稳定的使用阶段。在此期间，故障发生一般是随机突发的，并无一定规律，此阶段称为偶发故障期。

损耗故障期：设备使用进入后期 C 阶段，经过长期使用，故障率再一次上升，且故障带有普遍性和规模性，设备的使用寿命接近终了，此阶段称为损耗故障期。在此期间，设备零部件经过长时间的频繁使用，逐渐出现老化、磨损以及疲劳现象，设备寿命逐渐衰竭，因而处于故障频发状态。

可见，故障率特性曲线实际上是描述设备从开始使用到退出使用的故障率随时间变化而变化的规律，即描述设备从出厂、投入使用、退出使用的全部生命周期。

一套生产系统由很多设备组成，一个设备由很多部件组成，一个部件又由很多零件组成。系统可靠性、经济性由设备决定；设备可靠性、经济性由部件决定；而部件的可靠性、经济性由零件决定。可见，研究设备寿命对于系统、设备、部件、零件的道理都是相通的。

设备寿命包含使用寿命、经济寿命、技术寿命。使用寿命是指设备投入使用直到报废为止所经历的全部时间或载荷周期；经济寿命是指根据运行费用确定设备寿命；技术寿命是设备在技术上有存在价值的期间，即设备从开始使用到因技术落后而被淘汰所经过的时间。

注：设备寿命理论如同木桶理论，木桶盛水的多少决定于最短的那块木板，而设备零部件、易损件即是设备整体使用寿命的短板。

电力设备寿命管理最有代表性的是锅炉管的寿命管理。大多数机械设备的失效是一系列的变幅循环载荷所产生的疲劳损伤的累积造成的。由于温度变化幅度大产生循环热应力，导致零部件的疲劳损伤和寿命损耗。把锅炉管寿命管理推广应用到滚动轴承、热控仪器仪表等设备，可以起到强化设备寿命意识，延长设备寿命的目的。

一、电力设备寿命管理必要性

火电机组受热面部件长期在高温、高压、腐蚀介质的工况下工作，服役条件极其恶劣。随着运行时间的延长，受热面部件材料会发生蠕变损伤，材料的微观组织逐渐老化，从而导致材料力学性能的劣化，使其强度、塑性和韧性下降，脆性增加。导致这些的因素首先是燃煤锅炉的恶劣工况以及介质、应力、温度、腐蚀、磨损和振动等的综合影响；其次，伴随着高温氧化、高温腐蚀及电化学腐蚀等的作用，燃烧产物以及不清洁的锅炉水质等造成的腐蚀会使管壁厚度显著减薄，导致管子损伤，缩短管子应有的使用寿命；另一方面，机组的频繁启停引起部件疲劳损伤，进而导致部件的开裂，甚至出现严重的事故，对参与调峰运行的机组来说，这种情况更为严重。

从中国电力企业联合会电力历年可靠性统计结果及华能集团历年可靠性统计结果分析，锅炉非计划停运约占全部停运事件的60%，而锅炉四管泄漏占锅炉事故的60%，其中水冷壁泄漏约占33%，过热器泄漏约占30%，省煤器泄漏约占20%，再热器泄漏约占17%。因此开展高温锅炉管和高温部件寿命管理技术研究及应用，是保障机组安全运行的一项重要工作，对确保机组安全经济运行有着重要的意义。

从机组运行的经济性考虑，对机组由计划性检修改为状态性检修是机组科学管理的一个必然发展趋势。20世纪80年代以来，美国等发达国家在火电厂逐步开展一系列机组维修优化研究，基于设备风险评估的维修（risk-based maintenance，RBM）、可靠性维修（reliability-centered maintenance，RCM）、预知性维修（predictive maintenance，PDM）、预防性维修（preventive maintenance，PM）等。国内目前也在开展以机组高温关键部件状态评估和寿命评估为基础的设备状态检修，通过采用先进的监测手段，及时掌握设备的安全状态和寿命损耗，合理地安排检修项目与检修间隔，从而有效地降低检修成本，提高设备安全性、经济性。

通过开展机组受热面状态检验和寿命评估，及时掌握设备的安全状态和寿命损耗，结合锅炉在线寿命管理系统的实时监测和报警功能，合理地安排检修项目与检修间隔，从而能有效地降低检修成本，提高设备安全性、经济性。

二、锅炉管寿命管理的可行性

锅炉受热面的失效一直都是世界各国电厂锅炉设备损坏和造成机组非计划停机的主要原因。在国内，设计、制造、安装、运行等诸多方面原因，导致锅炉受热面管失效的事故更频繁地发生，是造成锅炉突发性事故导致停机和维修的主要原因。高温锅炉管长期在火焰、烟气、飞灰等十分恶劣的环境介质中运行，因而在服役过程中会发生一系列材料组织与性能的变化，这些变化涉及材料蠕变、疲劳、腐蚀、冲蚀等复杂的老化与失效机理，而由此造成的失效方式多达23种，这些失效普遍造成严重的爆管失效。

此外，炉外高温厚壁部件在长期运行过程中，由于负荷波动、快速启停机等工况的影响，承受较大的热应力，疲劳损伤逐渐增加，容易在应力集中部位引起裂纹萌生和扩展。裂纹扩展至一定厚度，便会引起部件失效。

为了有效解决锅炉高温受热面和炉外高温部件的失效问题，国内外开展了锅炉寿命评估技术的研究，力求通过提前获取设备的寿命，及时对高风险部位更换或维修的方式来减少非计划停机。

锅炉寿命评估技术分为离线评估和在线评估两种模式，国外开展寿命评估技术研究较早，但相对集中于离线评估模式。在国内，西安热工研究院自20世纪末开始火电厂重要部件寿命管理技术开发以来，依托国家电力公司重大科技攻关项目，开展了锅炉管寿命管理技术研究、锅炉部件寿命管理技术研究等攻关课题研究与电厂应用研究。经过四年的集中攻关，在理论研究、技术开发及工程应用等主要方面均取得了重大突破。

三、锅炉管寿命预测

（一）寿命评估的条件

寿命评估的条件应根据其历史的运行情况和现状，经技术、经济比较分析后确定。表6-2为锅炉承压管的主要损伤机理。

表6-2　　　　　　　　锅炉承压管的主要损伤机理

部件名称	损伤机理							
	蠕变	疲劳	蠕变－疲劳	侵蚀	腐蚀	应力腐蚀	磨损	其他
高温过热器管、再热器管	√	√	√	√			√	高温氧化
低温过热器管、再热器管	√	√	√	√	√		√	高温氧化
锅炉水冷壁管		√		√	√			
锅炉省煤器管					√			

根据现状检查结果，受热面管子有下列情况之一时应进行修复或判废更换：

（1）各受热面的管子表面有氧化微裂纹或壁厚减薄量已大于原壁厚的30%时。

（2）碳钢管的胀粗量超过 3.5％D（D 为管子的原始外径），合金钢管胀粗量超过 2.5％D 时。

（3）管子的腐蚀点坑深大于原壁厚的 30％和管子的实测壁厚小于按强度计算的设计取用壁厚时。

（4）碳钢管的石墨化达 4 级及以上时。

（5）高温过热器管表面氧化层厚度超过 0.6mm，且晶界氧化裂纹深度超过 3～5 个晶粒时。

（二）寿命评估所需资料

1. 设计、运行、检修资料

为了对承压管进行寿命评估，必须收集设计、制造、安装、运行、历次检修及对部件检验与测试记录、事故工况、更新改造等资料，且尽可能全面、详细。其主要内容如下：

（1）部件设计资料：包括设计依据、部件材料及其力学性能、制造工艺、结构几何尺寸、强度计算书、管道系统设计资料等。

（2）部件出厂质量保证书、检验证书或记录等。

（3）安装资料，重要安装焊口的工艺检查资料、主要缺陷的处理记录资料、主蒸汽管道安装的预拉紧记录等。

（4）投运时间，累计运行小时数。

（5）典型的负荷记录（或代表负荷曲线）和最大出力及调峰运行方式。

（6）热态、温态、冷态启停次数及启停参数，强迫紧急停机和甩负荷到零次数。

（7）事故史和事故分析报告。

（8）运行压力、温度典型记录，是否有过长时间的超设计参数（温度、压力等）运行。

（9）历年可靠性统计资料。

（10）维修与更换部件记录。

（11）历次检修、检查记录，包括部件内外管检查、无损探伤、几何尺寸测定、材料成分的校对、金相检查、硬度测量、蠕胀测量记录、腐蚀状况检查和管子的支吊系统检查记录等。

（12）未来的运行计划。

2. 现状检查

对确定要进行寿命评估的部件，首先应对部件的现状进行检查。受热面管子的检查项目有管径、壁厚、内外表面腐蚀、氧化垢层等情况检查，金相检查，局部磨损检查。

3. 评估部件寿命时所需的材料性能数据

(1) 材料性能：进行部件寿命评估，根据其主要损伤机理，在性能中选取相应的性能数据。

①力学性能：常温和工作温度下的拉伸、冲击性能，低周疲劳，断裂韧性，疲劳裂纹扩展速率；脆性转变温度（FATT）、硬度；持久强度、蠕变强度、最小蠕变速率。

②物理性能：弹性模量、泊松比、线膨胀系数、比热容、热导率、氧化速率、腐蚀速率。

③微观特性。金相组织（包括球化级别、蠕变孔洞、裂纹、石墨化级别等）、碳化物成分和结构。

(2) 材料性能数据的获得。在条件许可的情况下，应在部件服役条件最苛刻的部位取样进行相关的材料性能试验；若直接在部件上取样有困难，可选用与部件材料牌号相同、工艺相同的原材料进行试验（至少有一组试验应在与部件工作温度相同的温度下进行）；如在短时间内不能取得实际试验数据，可参考相同牌号材料已积累的数据的下限值。

对于由试验获得的原始材料的性能，当用于部件寿命评估时，应考虑其性能在高温、应力作用下随时间的延长而劣化的情况。

四、锅炉管寿命管理系统

锅炉管寿命管理系统工作原理：通过实时获取高温锅炉管（过热器、再热器）的壁温测点数据，结合管子的尺寸和材质等工艺参数，在离线检测的基础上综合在线监测信息自动进行实时评估，系统地对高温锅炉管进行以寿命为基础的管理。将反映设备状态信息的数据（当量金属温度、应力、残余寿命等）以列表和曲线等形式显示，以多级报警的形式告知电厂工作人员，并提供相应的运行、维修及更换建议。

锅炉管寿命管理具体内容包括：炉管综合状态实时监测；炉管实时当量金属温度、应力、残余寿命信息列表；管排当量金属温度分布曲线；管排应力分布曲线；管排残余寿命分布曲线；炉管壁温测点棒图显示；炉管当量金属温度报警及统计；炉管应力报警及统计；炉管残余寿命报警及统计；炉管壁温测点运行记录的存储；根据评估结果，可给出必要的维修、更换及检验建议。

(1) 设备信息管理。设备信息管理是针对寿命管理系统所涉及的部件信息进行管理。包含的信息主要是设备的设计、制造、安装、运行、检验、维修、经济性等方面的信息。该模块的主要功能是为设备的状态评估和寿命评估提供统一的设备原始数据，并对设备的维修、更换数据等进行及时更新。其主要功能包括：机组信息的查询、添加、删除、修改，锅炉管信息的查询、添加、删除、修改等，锅炉管当量金属温度、应力、残余寿命报警阈值设置，锅炉管壁温测点报警阈值设置，换管管理，检修文档管理，测点信息管理，评估点信息管理，在线评估基准数据管理，运行班值考核管理，运行历史查询。运行历史查询是指对设备状态的历史记录进行查询，其中以对运行参数（温度）的查询浏览为主。

该系统提供了丰富的查询及显示方法，借助这些方法，电厂工作人员还可以进行运行记录的趋势分析。它提供以下功能：锅炉管当量金属温度、应力、寿命报警记录查询；锅炉管当量金属温度、应力、寿命历史记录查询；锅炉管壁温测点运行记录查询和趋势分析；历史时刻管排温度场分布；锅炉管测点超温历史查询；锅炉测点某时间段内温度分布频率图。

（2）超温统计分析。当连续实时地从电厂生产数据库获取设备温度数据时，系统将会对每个测点进行超温判断，记录下每次超温的持续时间、超温最高幅度、超温平均幅度。用户可以通过选定时间段来统计该段时间内超温累计时间、超温次数、超温幅度平均值。此外，超温统计模块还提供对测点进行风险计算和风险排序的功能，为检修人员提供指导。它主要包括以下两部分：测点超温统计；测点超温记录；测点超温月报；运行班值超温考核。根据电厂生产管理的需要，本系统提供了运行班值超温考核功能，它根据电厂的运行轮值表自动实现对各运行班值当值期间发生的超温信息进行统计，无需手动干预即可实现各项指标统计分析，主要有班值运行记录报表、班值运行统计报表、班值运行统计月报、轮值计算基准日期管理、班值统计测点管理。

（3）报告生成及打印。本系统可以自动生成丰富的分析报告（报表），并可直接打印。分析报告主要有评估点报警统计报表、评估点报警记录报表、测点超温统计报表、测点超温统计月报、运行班值超温月报。

五、轴承寿命管理

锅炉管寿命管理系统所引用的管理理论，表达的是一种"折寿法"寿命评估系统，即设备的剩余寿命＝设备设计安全运行寿命－至今为止实际消耗的寿命。把这种"折寿法"寿命评估系统引入到转动设备中最易损坏、且是疲劳交变损伤的滚动轴承寿命评估管理上，必将对寿命管理思想的推广产生积极的作用。

设备管理的真正目的是延长设备的寿命、延长检修周期。利用ERP技术并结合影响因素分析,实时在线地评估设备寿命无疑是设备精细化管理的方向。而滚动轴承是发电厂中最常用的部件。又是转动设备最关键的部件。提高滚动轴承寿命,对提高转机的可靠性甚至对电厂的安全稳定运行都有非常积极的意义。影响滚动轴承寿命的因素有很多,影响关系更加复杂,在此仅用定性分析和借助于风险评估技术得出定量分析的结论,在深度和广度上还有许多值得探讨的地方。

利用以上分析的结论,结合计算机 ERP 技术,可以实现全厂滚动轴承剩余寿命的在线检测,同时设置寿命状态,用红、黄、蓝、绿显示剩余寿命的等级,既可以及时提示运行人员,又可以为设备管理人员提供制定检修策略的依据。

六、电力、电子器件在工业控制上的寿命评估分析与对策

(一)元件的筛选对寿命的影响

电子单元在制造前,必须选用质量好的元器件,所以元器件的质量好坏对电子单元的影响至关重要。一般在制造工厂,都经过严格的筛选。一般经过以下流程筛选:各种电子元器件的筛选程序,主要包括:普通半导体晶体管、大小功率可控硅、场效应晶体管、光敏晶体管等。经过以上的元件筛选,才能被运用到电子单元进行组装焊接。经过这样的元件筛选,生产出来的产品才能具备合格的质量。但有的厂家(一般小厂)不进行筛选,势必造成产品在上电运行后的短时间内即出现故障。

筛选顺序为外观检查、常温初测、高温储存、温度循环、密封性检查、常温终测、外观检查、跌落、高低温测、电功率老化、终测合格、出筛选报。

(二)元件的人工焊接质量

目前,电子线路板的焊接,多采用机器表贴焊接,但对于有些电子单元,仍然需要采用人工焊接,如大功率的功率模块、电气高压变频器的功率器件等。由于器件大,引线粗而且短,在整机的空间的位置不同于线路板上的器件,所以在组装线上,都需要进行手工焊接。人工焊接的质量取决于工作人员的工艺水平,有些焊点、焊盘在焊接后处于半虚焊状态。这些缺陷,在厂内的检测老化过程中很难被发现。只有经过了长时间的运行和焊点的自然变化,才会在一定期间表现出来,而该故障的出现是没有规律的故障,时而正常,时而不正常,让检修人员很难判断出故障所在点。而对于检修浸焊的焊接方式,其整体质量比较一致和稳定,较少出现故障。

(三) SMT 的表贴质量

提到 SMT 的焊接质量，我们首先可能会想到回流焊的工艺和控制。回流焊确实是 SMT 的关键工序之一，表面组装的质量直接体现在回流焊的结果之中，但 SMT 焊接质量问题却不完全是回流焊工艺造成的。SMT 焊接质量除了与回流焊工艺（温度曲线）有直接关系外，还与 PCB 设计、网板设计、元件可焊性、生产设备状态、焊膏质量、加工工序工艺控制以及操作人员素质和车间管理水平有密切关系。上线生产前，如果元器件的焊端或者 PCB 焊盘部分被氧化，回流焊时会产生大量的焊接缺陷，主要表现为润湿不良和虚焊，给产品长期可靠性带来极大隐患。对于这样的问题，我们的电子单元目前还没有出现因表贴的焊接问题引发的故障。

(四) 器件的降额设计选型、余量选型对整机的影响

电子器件在设计时，应该考虑到运用的场合，选定合适的器件及规格来与其对应。例如，电容器的额定工作电压是在一定环境温度条件下给定的，当温度超过允许的环境温度时，温度每上升 10℃，电容器的使用寿命要降低一半。以钽电解电容为例，在 250℃ 时工作电压为 43V，在 1250℃ 时下降到 23V。钽介电容器规定额定工作电压，当环境温度超过 +850℃ 时，额定工作电压要比标称值降低一挡电压使用。如额定电压为 25V 电容应降到 16V 使用，这并不等于降额设计，降额设计应在 16V 的基础上按降额要求才算达到了降额设计要求。

(五) 现场运用环境对寿命的影响

1. 温度影响

电气或电子设备在运行中如果温度过高或过低，超过允许极限值时，都可能产生故障。

(1) 对导体材料的影响。温度升高，金属材料软化，机械强度将明显下降。铜金属材料长期工作温度超过 200℃ 时，机械强度明显下降。铝金属材料的机械强度也与温度密切相关，通常铝的长期工作温度不宜超过 90℃，短时工作温度不宜超过 120℃。温度过高，有机绝缘材料将会变脆老化，绝缘性能下降，甚至击穿。

(2) 对电接触的影响。电接触不良会导致许多故障。

(3) 对元器件的影响。从某种意义上讲，在未损坏的情况下，温度对电气元件的影响主要体现在零漂和线性度上，过高的气温导致器件散热效果下降，温度上升，超过其极限时会发生击穿、短路、断路等器件损坏性故障。首当其

冲的就是热敏电阻与电解电容，电解电容在低温的时候（多少度会有所不同），容值会减少一半甚至失容；高温的时候寿命会直线下降，所以所有的电子产品在计算寿命的时候都是按照电解电容来算的。

2. 湿度影响

绝大部分电气设备都要求在干燥条件下使用和存放，当然过低的湿度（环境特别干燥）会产生静电对电气设备使用不利，需要控制在适当的湿度范围内。据统计，全球每年有 1/4 以上的工业制造不良品与潮湿的危害有关。对于电子工业，潮湿的危害已经成为影响产品质量的主要因素之一。

（1）对集成电路的影响。潮湿对半导体产业的危害主要表现在潮湿能透过集成电路（IC）塑料封装从引脚等缝隙侵入 IC 内部，产生 IC 吸湿现象。在表面贴装（SMT）过程的加热环节中形成水蒸气，产生的压力导致 IC 树脂封装开裂，并使 IC 器件内部金属氧化，导致产品故障。此外，在 PCB 的焊接过程中，因水蒸气压力的释放，亦会导致器件虚焊。

（2）对液晶器件的影响。液晶显示屏等液晶器件的玻璃基板和偏光片、滤镜片在生产过程中虽然要进行清洗烘干，但待其降温后仍然会受潮气的影响，降低产品的合格率。因此在清洗烘干后应存放于相对湿度 40% 以下的干燥环境中。

（3）对其他电子器件的影响。电容器、陶瓷器件、接插件、开关件、焊锡、PCB、晶体、硅晶片、石英振荡器、SMT 胶、电极材料黏合剂、电子浆料、高亮度器件等，均会受到潮湿的危害。

电子电气设备如在高湿度环境下使用时间过长，将导致故障发生。对于计算机板卡 CPU 等会使金属氧化导致接触不良发生故障。大多数电子电气设备的使用环境相对湿度应该在 40% 以下，但湿度太低容易引起静电，所以合理控制湿度范围是根据电子设备的具体情况而定的。

3. 粉尘影响

粉尘影响电子电气设备的控制系统及其他电子元器件的可靠性，使设备使用寿命缩短，产品质量无保障，工作条件及环境变差。各种烟尘和废气对人体会造成伤害。

（1）造成电气设备短路。据工业现场有关统计，工业生产过程中产生的粉尘大多为矿物性粉尘和金属性粉尘，而这些粉尘的比电阻都不高，如煤粉尘的比电阻为 $(1.47 \times 10) \sim (9.06 \times 10)$ Ω·cm，又由于粉尘的尘粒荷电性（飘浮在空气中的尘粒有 90%~95% 带正电或带负电），吸水性（吸水量多少与环境温度、湿度有关），很容易使粉尘在电气设备的周围凝集沉降，从而减少了电气距离，破坏了电气设备的绝缘强度，在线路过电压或电气操作过程中极易造成电气击穿短路事故。还有粉尘堆积在端子板上，造成电气误动、短路等，对其安全运行造成很大危害。从运行设备上看，最明显的是在输煤系统上，在DCS卡件上已经采用了防尘方式处理，即所有的卡件均涂有三防漆，煤粉聚集在板卡表面，也不影响板卡的运行，但对于插件后面的继电器部分，是没有办法处理，所以在该系统上，也出现过继电器扩展板上被煤粉短路烧坏端子的现象。

（2）造成电气开关接触不良。粉尘堆积于电气开关的触头之间、电磁铁心之间都会造成电气开关接触不良故障，尤其是在继电器－接触器控制电路中影响最大。电气控制系统动作不稳定，时好时坏，从而引起单相运行触头粘连等现象，时常造成设备事故的发生。

（3）粉尘造成的通风不良。电动机的冷却是由通风道的排热、自带风扇强迫冷却和机壳散热所完成的，往往由于通风道粉尘堵塞或机壳上粉尘堆积，使电动机的温度比平常情况下高出 10℃ 以上，造成电动机运行温度过高，承载能力下降。

（六）电子部件、整机现场维护的几点建议

通过以上的分析和研究，基本上对电力部件、电子部件和整机的故障以及寿命有所了解，但其寿命受很多的因素影响，例如运行中的维护对其寿命有不可忽略的影响。

（1）严格控制温度、湿度。电子器件温度控制在 18～25℃ 范围内。温度越低，电子器件工作寿命就会越长，但温度过低，结露就很容易产生，所以，要根据现场的情况，合理控制温度，保证在不结露的情况下，尽可能低温运行。

（2）对于采用以太网方式的信息传输节点，时间久了，会产生积灰，可以采用清洁剂定期对 RJ45 的连接器进行清洗，以保证接触良好，信息传输可靠。清洗后仍然不能可靠接触的节点，需要更换水晶头，重新压接。

（3）对于灰尘大的场合，需要定期及时去除粉尘，防止发生短路烧坏器件。

（4）对于有腐蚀性气体的环境，要及时将有害气体排出，防止腐蚀电子设备。

（5）保证设备通风，及时清洗空气滤网，使通风良好，防止结露和保证散热。

（6）定期需要对电子设备内部清洁，防止积灰，以免影响内部的散热和使绝缘性能下降。

（7）对于带有接插件的电子部件，可以定期插拔几次，使其表面的氧化层通过摩擦去除。

（8）有些部件现场运行热量大，设计无强制冷却或冷却不足的，可以进行改良性维护，增设风扇，采用强制风冷方式，使其温度下降，延长其寿命。

第七章 现代电力系统的先进技术应用

第一节 DCS 及其在电力系统中的应用

一、DCS 概述

DCS 是英文 Distributed Control System 的缩写，直译为"分布式控制系统"。从字面上看，DCS 的主要用途是进行控制，而系统的结构则是分布式的，是一种分布结构的控制系统。这种说法虽然没有错，但要对 DCS 做更深入的了解和理解，还必须搞清楚 DCS 所进行的是什么样的控制，它是如何进行控制的，其控制特点是什么，其结构特点又是什么，分布的实际及具体含义是什么等各个方面的问题。

在开始介绍 DCS 之前，很有必要首先介绍一下工业控制过程的分类，正确地理解工业控制过程的分类，有助于真正地理解各种工业控制系统的来龙去脉，并且通过对控制系统发展历史的了解，搞清楚 DCS 出现的背景、环境、条件及技术渊源等问题，这样才能够更加深刻和准确地理解什么是 DCS，并且进一步掌握控制系统的发展趋势，对 DCS 将向什么方向继续发展有更加明确的认识。

二、控制系统概述

控制是在我们在日常生活中经常接触到的问题，可以说在现代生活中到处都离不开控制，如骑自行车要控制平衡和方向，空调、电冰箱要控制温度，洗衣机要控制洗涤时间和水量，等等。这些控制有些是由人自己（如骑自行车的人）实现的，有些则是通过某些控制装置实现的，这些都可称为控制系统。我们在这里所研究的，是在工业生产过程中所遇到的控制问题及其解决方案、实现控制所使用的设备和系统，以及在实施控制系统的过程中将会遇到的问题和如何解决这些问题等。目前有关控制的书籍很多，人们在日常的生活和工作中也常常谈到控制，但对于什么是控制，却有各自不同的理解。一般来说，控制包括了两个概念，一个是"如何控制"，如一辆汽车，可以用增减燃油的喷射量的方法去控制速度；另一个是"如何实现控制"，如通过控制油门的大小来增减燃油喷射量。"如何控制"研究的是控制原理和控制方法，而"如何实现控制"则是研究使控制原理、控制方法成为事实的具体设备。

根据工业生产所使用的原材料和产成品的形态，可以将工业生产分为三种典型的过程：连续过程（Continuous Process）、离散过程（Discrete Process）和批量过程（Batch Process）。

连续过程是指工业生产所使用的原材料及其产成品为不可以计数的流体，如液体、气体等，这样的物料需要使用容器或管道进行输送，而其计量也不可以使用计数，只能采用适当的计量单位，如立方米、千克等。这类工业过程的输入/输出变量为时间连续和幅度连续的量，其生产方式也是连续不断的，生产过程一旦建立，就可以连续地将原材料加工为产成品，其生产过程的输入/输出和排放遵循物质不灭和能量守恒定律。连续过程的变量一般是温度、压力、流量、质量及液位等。石油炼制、化肥生产等过程都是典型的连续过程。电力的生产也是一种连续过程，不同的是电力生产所产生的产品是电能，其输送使用的是导线，而计量单位则是电流、电压、功率（kW——千瓦）和功（kW·h——千瓦时）等。以连续过程为主要特征的生产行业被习惯性地称为流程工业。在国际上，过程控制（Process Control）和过程自动化（Process Automation）指的一般都是对连续过程的控制和自动化。

与连续过程相对应，离散过程指的是工业生产所使用的原材料和产成品都是"固态"的、按件计量的，其过程的输入/输出变量为时间离散和幅度离散的量，如物料的数量、位置、状态等。例如，玩具的主要生产过程可以看成是一个离散过程。以离散过程为主要特征的生产行业被习惯性地称为制造业，针对制造业的控制有离散控制（Discrete Control）、逻辑控制（Logical Control）、顺序控制（Sequence Control）、运动控制（Motion Control）等。由于制造过程根据行业的不同有很多种控制方法，因此难以给出简单的几种典型输入/输出变量。面向制造业的自动化系统一般称为工厂自动化（Factory Automation）。

实际上，一个完整的生产过程，一般都是连续过程和离散过程的混合体。比如，在啤酒的生产过程中，发酵过程是一个连续过程，但啤酒最后灌装成瓶及成瓶以后的过程又是离散过程。针对这类过程的控制，被称为混合控制（Hybrid Control）。一些大型的生产装置，如水泥生产装置，其中有一部分是连续过程，而另一部分则是离散过程，对这类生产装置的控制也是混合控制。

而在工业生产当中，有相当数量的生产是以"批量"方式进行的，对这种批量生产过程的控制就是一种典型的混合控制。

所谓批量过程，指的是一种周期性重复的生产过程，大部分制药、食品、饮料的生产过程都是批量过程。这种生产方式是将原料按照一定的配比放入反应容器，在一定反应条件下产生出成品，然后将反应容器清空，再进行下一批产品的生产。在这里，反应过程是连续过程，而批次间的处理，如清空反应容器、清洗、配料等又都是离散过程。由于批量过程的特点，利用同样的生产装置，可以在不同的时间段，根据不同的配方和生产工艺生产出不同的产品，因此配方控制（Recipe）在批量过程中起着关键性的作用。批量过程的特点是连续过程和离散过程交替进行，每个批次之间的处理、配方的切换和生产工艺的改变（如果需要）是离散过程，而此后的生产过程又是一个连续过程。

（一）控制系统的基本组成

在一个控制系统中，必不可少的组成部分有三个：被控对象（即生产过程）、控制设备或装置、人。在这三个部分中，人是起主导作用的——生产过程是为满足人的需求而建立的，生产的程序、步骤及工艺等是人设计的，在整个生产过程中，要进行哪些控制、如何进行控制及控制的方法是什么，都是由人决定的。在某些情况下，人也直接参与控制。

被控对象则是实施生产过程的主体。不论何种控制装置，其控制作用都是围绕生产过程发生的。如果离开了生产过程，控制装置就失去了存在的意义，因此，控制装置是从属于生产过程的，但对生产过程又产生着巨大的反作用力，使得生产过程完成的主体，如各类加工机械、发电机、锅炉、化工反应装置、电力或油气输送管道等，能够使生产更加安全、高效、稳定及可靠地运行。在上面讲到的连续过程、离散过程和混合过程，都是在描述被控对象的特点。

控制装置是控制系统的核心，所有控制作用都是由控制装置实现的，一个控制系统能否顺利地实现其控制目标，完成复杂的控制功能，主要看控制装置是否稳定可靠并具有优异的性能。因此人们在控制装置的研究方面给予了巨大投入，而且，随着生产效率的不断提高、生产规模的不断扩大、产品质量要求的不断提高，控制装置的作用越来越显得重要，在某些情况下甚至超过了生产设备，因为在使用同样生产设备的情况下，通过改进控制装置就可实现生产效率和产品质量的提高。由于控制装置的重要性，在很多场合，人们不再以被控对象、控制装置和人这三部分的总和作为控制系统的定义，而是直接将控制装置定义为控制系统，即认为控制系统是由围绕实施控制所必需的测量、计算及执行等各个环节所组成的。这实际上是对直接控制系统的定义，而有人参与的控制则被定义为监督控制系统。

直接控制系统定义为以下三个要素的集合。

（1）测量方法和测量装置；

（2）控制方法（包括算法）和运算处理装置；

（3）执行方法和执行装置。

在这三个要素中，方法是软件（这里的软件是指解决方案，而不是指程序代码），虽然软件是无形的，但它是控制系统的主宰，决定了控制系统的功能和性能，各种装置则是硬件，是实现方法的手段。所有有关软件和硬件的结合，构成了控制系统的各个组成部分，以下简要介绍这些组成部分。

（二）测量方法和测量装置

作为控制装置的作用目标，被控对象有其自身的运行状态，这些状态是生产过程的表征，控制系统将通过测量被控对象的运行状态来了解生产过程。一个被控对象能够被测量（即通过可行的方法进行测量，并通过测量数据准确及时地判断出被控对象的状态）的难易程度，称为该被控对象的可测性。

表征生产过程状态的量有很多种，如温度、湿度、压力、流量、液位、密度、重量、体积、电流、电压、功率、速度、位置、亮度、接通/关断的状态、开关的分/合状态、零件所在工序的表示及物体有/无的表示，等等，所有这些量都被称为过程量，但这些过程量的性质有很大的不同。一般来说，过程量可分为模拟量和开关量两大类。

1. 模拟量

模拟量是表达物理过程或物理设备量值的一种连续变化的量，其数值随时间变化而变化，表现为一个时间的函数。模拟量最大的特点是连续性，即在其随时间变化的曲线上的任意一点均可求导，不存在拐点。这个特点的物理意义是：这类物理量的变化是一个渐变的过程，无论该物理量的变化有多快，都会有一个过渡过程，其取值可有无穷多个。后面将要讲到的模拟量采样率就是根据这个特点确定的。我们在上面所提到的温度、湿度、压力、流量、液位、密度、重量、体积、电流、电压、功率、速度、位置及亮度等量都被归类于模拟量。

模拟量还可细分为两种：瞬时量和累积量。瞬时量（或瞬时值）是指该物理量在测量的时刻所具有的值，这个时刻一旦过去，该物理量的值就会改变。温度、压力等物理量都是瞬时量。而累积量则表明该物理量随时间的前进而不断增长的积累，是某瞬时量对时间的积分。如液体的体积，是流量和时间的乘积（在流量恒定条件下）；电能（在工程上称为电度）是电功率与时间的乘积（在电功率恒定条件下），等等。在工程上，对瞬时量和累积量有不同的测量设备，并采用不同的测量方法和手段。

测量是控制系统感知被控对象运行状态的重要环节，一般通过敏感元件或检测元件来实现测量，如压力传感器、流量传感器、温度传感器（热电偶或热电阻）、电流传感器、电压传感器、功率传感器、在运动控制中的速度及位置传感器，等等。传感器一般使用物理或化学原理来感知各种状态，传感器的输出一般是一个可以被控制系统的核心部件运算处理装置所处理的信号，由于传感器所测量的状态包括了各种不同的物理、化学量，而运算处理装置则要求这些量是一种标准的、规范的表现形式，如电流、电压及气压等，因此往往通过变送器予以变换，形成符合一定标准的统一信号，一般称为测量值。

在数字式控制系统中，由于要直接用数字来表达各个物理量值，为此需要进行模拟量到数字量的转换，从电流、电压等模拟信号变换成数字的测量值。

2. 开关量

开关量是一种表示物理过程或设备所处状态的量，也可直接称为状态量。典型的开关量只有两个取值，如电力开关的分与合、截断阀门的通与断、某压力容器中气体压力是处于安全压力以下还是达到或超过安全压力等。这类物理量也可有多个取值，如具有多个绕组抽头的电力变压器当前的分接头位置、一台多工位的机器当前所处的工位等。尽管可以有多个取值，但开关量取值的数量是有限的，这一点与模拟量有着本质的不同。

和模拟量一样，在控制系统中，各种开关量也需要转换成标准信号，一般用电平的高或低表达不同的状态，在数字控制系统中，则采用二进制位的0或1表达开关量的状态。对于多状态的开关量，可采用多个二进制位来表达，如用两个二进制位可表达四种状态，用三个二进制位可表达八种状态，等等。

在工程上，对于开关量的测量是通过继电器接点、行程开关等装置实现的。

3. SOE量

SOE是Sequence of Event的缩写，它是一种特殊的开关量，这种开关量仅在现场设备的状态出现变化时产生，其中不仅要表示出现场设备改变后的状态，还要记录该状态出现改变的准确时间，一般要精确到毫秒。SOE的作用是当现场设备因某种原因（一般是出现某种故障时）产生了一系列状态变化，如联锁保护装置的动作，在事后分析故障原因时要找出动作的顺序，以确定引起故障的第一原因是什么，其后联锁动作过程又是怎样的。这对故障分析是一种非常有用的数据。

4. 脉冲量

脉冲量实际上是一种用特殊方法进行测量的模拟量，一般用来表示某个量的累积值。能够发出脉冲量的测量装置通过对被测物理量进行时间上的累计，在到达一个计量单位时便发出一个脉冲，通过计数器对脉冲的数量进行累加，以得到该物理量的累计值。

（三）控制方法和运算处理装置

控制系统是根据不同被控对象的特点实施控制的，对于连续过程，一般使用模拟调节仪表和DCS实施控制；对于离散过程，一般使用继电器和PLC实施控制；而对于批量过程或混合过程，则采用各种控制设备相结合以实施控制。

1. 对连续过程的控制

对于连续过程的控制一般称为过程控制（process control）或流程控制，它是一种连续调节性质的控制。调节是控制的一种，它特指通过反馈的方法对连续变化的对象进行连续的控制，如通过调节燃气阀门的大小以控制燃烧火焰的大小，从而达到控制加热器温度，使其保持在预定温度范围内的目的。在这里温度是一个连续变化的量，对温度的调节也是连续进行的。调节的过程并没有明显的起点和终点，它所关心的是受控对象对目标值的允许偏差及进行测量和控制的周期，这两个参数是连续过程调节的两个最基本的要素。除了这两大要素外，连续过程调节最重要的要素是调节控制算法，如经典的PID调节、现代的模糊控制等。所有这些要素都极大地影响着调节的效果和质量。

根据调节控制算法进行计算，是控制系统最核心的功能，计算功能由控制器、调节器或运算器完成。一般将控制器、调节器或运算器统称为运算处理单元，这样的单元有两种输入，一种输入是测量值，即传感器/变送器给出的表达被控对象运行状态的量；另一种是根据生产过程的要求所设定的控制目标，即设定值。运算处理装置的任务有两个，一是在设定值根据生产过程的要求发生改变时，采用一定的控制算法计算出需要进行何种操作或调节，并对被控对象的可操作、可调节部分实施输出，以使被控对象尽快达到控制目标；另一个是在出现干扰时，被控对象的运行状态偏离了预定的目标（即设定值），这时计算单元要通过测量得到偏离的程度，并采用一定的控制算法计算出操作步骤或调节量，并实施输出，以使被控对象的运行状态尽快回到预定的目标值。运算处理装置的输出量是对被控对象所实施的操作和调节，在这时，操作一般指通过某种方法改变被控对象的运行方式，如开通或关断某个管道的阀门，闭合或分离电路的开关等；而调节则是通过某种方法改变被控对象的运行参数，如通过控制调节阀改变管路中流体的流量，通过调节加热器改变温度等。所有这些输出不论操作还是调节均被称为控制指令。

在一些生产过程中，除广泛使用反馈控制方法外，还经常使用前馈控制方法。前馈控制根据生产设备的运行参数计算控制量,并依据控制量对现场实施控制。在设定值发生改变或通过预估算法预测到被控对象与设定值的偏差时,常使用前馈控制。前馈控制的优点是可以使系统快速进入所需的运行状态,但由于前馈控制不检验控制执行的效果并进一步采取调整手段,因此控制的精确性较差。在实际控制系统中,常采用前馈控制结合反馈控制的综合方法,这样可以取得很好的控制效果。

2. 对离散过程的控制

对于离散过程的控制以状态控制为主,一般称为程序控制或逻辑控制。这是一种对非连续对象、非连续过程的控制。

对非连续对象进行控制,实际上就是按照一定的方式改变被控对象的状态或位置,如某个电力开关的合闸或分闸。而非连续过程则由一组非连续对象按照工序的要求组合在一起,以完成一个比较复杂的动作或任务,这样的过程有很明显的起点和终点,控制过程和动作过程是完全对应的。对非连续过程的控制是一种顺序控制或程序控制,是根据各个被控对象的动作时间、动作顺序和逻辑关系进行的控制。刚才所说的动作时间、动作顺序和逻辑关系是对非连续过程实行控制的要素。

3. 对批量过程或混合过程的控制

在实际的生产过程中,更多遇到的是连续控制(或调节)和非连续控制的混合型控制,即对各种不同工况的过程控制。由于生产的复杂性,同样的生产装置也会有不同的生产工况或生产阶段,生产工况的切换是根据操作人员的指令或某种状态进行的,平稳工况的控制则是一种连续控制。有时前级工序是连续过程,而后级工序则是离散过程。

批次控制结合了过程控制和程序控制这两种控制类型,适用于在同一条生产线上通过装置连接、组合的改变,工艺流程的改变和工艺参数的调整,生产不同品种产品的生产控制。其工作过程为:首先通过程序控制确定生产流程和工艺参数,然后转入过程控制;当一个完整的过程完成后,再次转入程序控制,形成下一个批次的生产流程和工艺参数,如此反复。实际上,批次控制是一种混合控制,是将过程控制和程序控制结合在一起的控制系统。

(四)控制的执行方法和执行装置

由计算机输出的控制指令,需要通过各种不同的执行机构来作用于被控对象的可操作部分和可调节部分。这些执行机构称为执行装置或执行单元,如气动阀、电磁阀、控制电动机及继电器等。执行装置将运算处理装置输出的控制指令转换为被控对象可接受的动作,以改变被控对象的运行状态。

运算处理装置的输出也可分为模拟量和开关量两大类,模拟量输出用于对被控对象进行连续调节，如调整阀门的开度（百分比）以控制流量，调整燃烧过程以控制温度等；开关量控制则用于改变被控对象的状态或工况，如在生产线上通过改变产品的走向以区分合格品与不合格品，通过电力开关的分/合以改变电网的接线方式等。

另一类控制方式称为乒乓控制，即采用开关量作为运算处理装置的输出量，通过控制开关量处于不同状态的时间比例，达到控制模拟量的目的。如一个电加热炉，可通过改变接通电源时间和关断电源时间的比例来控制加热温度，接通电源的时间长，温度提高；缩短接通电源的时间，温度降低。乒乓控制所用的输出量是一种被称为脉宽调制输出的控制信号，它表现为一个宽度可调的脉冲串，通过调节脉冲的宽度，使输出处于"1"状态和"0"状态的时间比例发生变化，以达到控制调节的目的。

（五）控制系统的人机界面

在以上的讨论中，只涉及了由具体装置或设备构成的控制系统，而没有涉及生产过程本身及对生产过程的控制起主导作用的主体——人的作用。在上面的讨论中多次讲到设定值，控制系统由设定值来规定控制目标，那么，设定值从何而来？它是如何得到的？又是如何作用于控制系统的？还有，在前面的讨论中提到运算处理装置根据检测值与设定值之间的偏差，按照一定的控制算法计算出需要操作和调节的量，通过执行装置对被控对象实施控制。那么，运算处理装置所执行的控制算法是从哪儿来的？它是如何得出的？又是如何被运算处理装置执行的？显然，不论是设定值还是控制算法，都离不开人的作用。控制系统自己不会确定设定值，因为它并不知道人希望生产过程按什么样的方式进行，控制系统也不了解生产过程的特性，只有人根据生产设备的特性及其对生产过程的影响，推导出如何对这些生产设备进行控制的数学模型，然后控制系统才能够按照这些数学模型进行计算，得到相应的控制值。

除此之外，还有一个重要的问题，即在此前所讲述的，都假设被控对象的运行是有规律可循的，是可以用数学模型表达的，因此，控制系统所依据的设定值和控制算法都是预先确定好的，并使用不同的方法固定在控制系统中，在实际运行中，控制系统将按照这些预定的算法执行。但是，实际的生产过程有相当多的一部分是没有（至少现在没有）规律可循的，也无法用数学模型表示，另外，生产过程不可避免地会出现一些异常情况，这些异常情况是无法预知的，必须在运行过程中实时地做出决策，这些都离不开人的作用。

（六）直接控制与监督控制

如果将未考虑人的因素的控制系统称为直接控制系统，那么有人参与其中的控制系统就将包含直接控制和监督控制这两个部分。

直接控制是由控制系统的硬件自行完成的,虽然硬件的动作是由软件,即由人预先设计的方法决定的,但在运行中并不需要人的干预,因此可以将直接控制系统理解为:当控制系统在线运行时,由控制装置自行完成控制功能的系统。

在前面已经讲到,虽然可以预先设计好软件,让控制系统自行完成各种控制功能,但过程的复杂性决定了必然存在无法实现直接控制的功能,而需要人工干预。例如,在大型供电网络中,要根据各个区域用电负荷的变化及时调整网络的接线方式,这类控制目前只能由人来完成。这种由人实施控制的方式被称为监督控制。另外,在直接控制系统的运行过程中,由人来改变控制系统的设定值,也是一种监督控制。

在实际应用中,有些控制系统只有直接控制,没有监督控制,特别是一些控制目标确定、控制算法清楚、运行过程中不需要人工干预或无法实施人工控制的系统(或子系统),都会采用直接控制,如汽轮机转速的控制;也有一些控制系统只有监督控制,没有直接控制,如电网调度、交通管理调度等系统,这类系统都是由调度人员发出控制指令的,由系统执行,执行后的效果仍由调度人员通过系统采集的数据进行观察和判断,以决定下一步的控制;而更多的控制系统是既有直接控制,又有监督控制的完整系统,即底层的基础控制采取直接控制,直接控制的设定值或一些特殊的控制功能由人来完成。具体到一个系统中,究竟是使用直接控制,还是使用监督控制,或是直接控制加监督控制,这完全要根据系统的需求进行具体的设计。

三、DCS 的体系结构

自第一套 DCS 推出以来,世界上有几十家自动化公司推出了上百种 DCS,虽然这些系统各不相同,但在体系结构方面却大同小异,所不同的只是采用了不同的计算机、不同的网络或不同的设备。由于 DCS 的现场控制站是系统的核心,因此各个厂家都将系统设计的重点放在这方面,每家的现场控制站都有自己独特的设计,从主处理器的设计,到 I/O 模块的设计;从内部总线的选择,到外形和机械结构的设计,都各有特色,各不相同。而各个厂家的系统之最大差异,在于软件的设计和网络的设计,由于软件和网络设计的不同,使得这些系统在功能上、性能上、易用性上及可维护性上产生了相当大的差异,因此对 DCS 体系结构的讨论,实际上是对系统的软件组织方式、网络通信方式的讨论。本节将从系统的功能实现入手,说明 DCS 各个部分的作用和相互关系,在以后的几节中概述有关软件和网络的问题。

（一）DCS 的基本构成

一个最基本的 DCS 应包括四个大的组成部分：至少一台现场控制站，至少一台操作员站，一台工程师站（也可利用一台操作员站兼做工程师站），一条系统网络。

除了上述四个基本的组成部分之外，DCS 还可包括完成某些专门功能的站、扩充生产管理和信息处理功能的信息网络，以及实现现场仪表、执行机构数字化的现场总线网络。

1. 操作员站

操作员站主要完成人机界面的功能，一般采用桌面型通用计算机系统，如图形工作站或个人计算机等。其配置与常规的桌面系统相同，但要求有大尺寸的显示器（CRT 或液晶屏）和高性能的图形处理器，有些系统还要求每台操作员站使用多屏幕，以拓宽操作员的观察范围。为了提高画面的显示速度，一般都在操作员站上配置较大的内存。

2. 现场控制站

现场控制站是 DCS 的核心，系统主要的控制功能由它来完成。系统的性能、可靠性等重要指标也都要依靠现场控制站保证，因此对它的设计、生产及安装都有很高的要求。现场控制站的硬件一般都采用专门的工业级计算机系统，其中除了计算机系统所必需的运算器（即主 CPU）、存储器外，还包括了现场测量单元、执行单元的输入/输出设备，即过程量 I/O 或现场 I/O。在现场控制站内部，主 CPU 和内存等用于数据的处理、计算和存储的部分被称为逻辑部分，而现场 I/O 则被称为现场部分，这两个部分是需要严格隔离的，以防止现场的各种信号，包括干扰信号对计算机的处理产生不利的影响。现场控制站内逻辑部分和现场部分的连接，一般采用与工业计算机相匹配的内部并行总线，常用的并行总线有 Multibus、VME、STD、ISA、PC104、PCI 和 Compact PCI 等。

由于并行总线结构比较复杂，用其连接逻辑部分和现场部分很难实现有效的隔离，成本较高，而且并行总线很难方便地实现扩充，因此很多厂家在现场控制站内的逻辑部分和现场 I/O 之间的连接方式上转向了串行总线。串行总线的优点是结构简单，成本低，很容易实现隔离，而且容易扩充，可以实现远距离的 I/O 模块连接。近年来，现场总线技术的快速发展更推进了这个趋势，目前直接使用现场总线产品作为现场 I/O 模块和主处理模块的连接已很普遍，用得较多的现场总线产品有 CAN、Profibus、Devicenet、Lonworks 及 FF 等。

由于 DCS 的现场控制站有比较严格的实时性要求，需要在确定的时间期限内完成测量值的输入、运算和控制量的输出，因此现场控制站的运算速度和现场

I/O 速度都应该满足很高的设计指标。一般在快速控制系统（控制周期最快可达到 50ms）中，应该采用较高速的现场总线，如 CAN、Profibus 及 Devicenet 等，而在控制速度要求不是很高的系统中，可采用较低速的现场总线，这样可以适当降低系统的造价。

3. 工程师站

工程师站是 DCS 中的一个特殊功能站，其主要作用是对 DCS 进行应用组态。应用组态是 DCS 应用过程当中必不可少的一个环节，因为 DCS 是一个通用的控制系统，在其上可实现各种各样的应用，关键是如何定义一个具体的系统完成什么样的控制，控制的输入/输出量是什么，控制回路的算法如何，在控制计算中选取什么样的参数，在系统中设置哪些人机界面来实现人对系统的管理与监控，还有诸如报警、报表及历史数据记录等各个方面功能的定义，所有这些，都是组态所要完成的工作，只有完成了正确的组态，一个通用的 DCS 才能够成为一个针对具体控制应用的可运行系统。

组态工作是在系统运行之前进行的，或者用术语说是离线进行的，一旦组态完成，系统就具备了运行能力。当系统在线运行时，工程师站可起到一个对 DCS 本身的运行状态进行监视的作用，以及时发现系统出现的异常，并及时进行处置。在 DCS 在线运行当中，也允许进行组态，并对系统的一些定义进行修改和添加，这种操作被称为在线组态，同样，在线组态也是工程师站的一项重要功能。

一般在一个标准配置的 DCS 中，都配有一台专用的工程师站，也有些小型系统不配置专门的工程师站的功能，而将其功能合并到某台操作员站中，在这种情况下，系统只在离线状态具有工程师站，而在在线状态下就没有了工程师站的功能。当然也可以将这种具有操作员站和工程师站双重功能的站设置成可随时切换的方式，根据需要使用该站完成不同的功能。

4. 服务器及其他功能站

在现代的 DCS 结构中，除了现场控制站和操作员站以外，还可以有许多执行特定功能的计算机，如专门记录历史数据的历史站；进行高级控制运算功能的高级计算站；进行生产管理的管理站等。这些站也都通过网络实现与其他各站的连接，形成一个功能完备的复杂的控制系统。

随着 DCS 的功能不断向高层扩展，系统已不再局限于直接控制，而是越来越多地加入了监督控制乃至生产管理等高级功能，因此当今大多数 DCS 都配有服务器。服务器的主要功能是完成监督控制层的工作，如整个生产装置乃至全厂的运行状态监视、对生产过程各个部分出现的异常情况的及时发现并及时处置、向更高层的生产调度和生产管理，直至企业经营等管理系统提供实时数据和执行调节控制操作等。或者简单讲，服务器就是完成监督控制，或称 SCADA 功能的主节点。

在一个控制系统中，监督控制功能是必不可少的，虽然控制系统的控制功能主要靠系统的直接控制部分完成，但是这部分正常工作的条件是生产工况平稳、控制系统各部分工作在正常状态下。而一旦出现异常情况，就必须实行人工干预，使系统回到正常状态，这就是 SCADA 功能的最主要作用。在规模较小，功能较简单的 DCS 系统中，可以利用操作员站实现系统的 SCADA 功能，而在系统规模较大，功能复杂时，则必须设立专门的服务器节点。

5. 系统网络

DCS 的另一个重要的组成部分是系统网络，它是连接系统各个站的桥梁。由于 DCS 是由各种不同功能的站组成的，这些站之间必须实现有效的数据传输，以实现系统总体的功能，因此系统网络的实时性、可靠性和数据通信能力关系到整个系统的性能，特别是网络的通信规约，关系到网络通信的效率和系统功能的实现，因此都是由各个 DCS 厂家专门精心设计的。在早期的 DCS 中，系统网络，包括其硬件和软件，都是各个厂家专门设计的专有产品，随着网络技术的发展，很多标准的网络产品陆续推出，特别是以太网逐步成为事实上的工业标准，越来越多的 DCS 厂家直接采用了以太网作为系统网络。

在以太网的发展初期，是为满足事务处理应用需求而设计的，其网络介质访问的特点比较适宜传输信息的请求随机发生，每次传输的数据量较大而传输的次数不频繁，因网络访问碰撞而出现的延时对系统影响不大的应用系统。而在工业控制系统中，数据传输的特点是需要周期性的进行传输，每次传输的数据量不大而传输次数比较频繁，而且要求在确定的时间内完成传输，这些应用需求的特点并不适宜使用以太网，特别是以太网传输的时间不确定性，更是其在工业控制系统中应用的最大障碍。但是由于以太网应用的广泛性和成熟性，特别是它的开放性，使得大多数 DCS 厂家都先后转向了以太网。近年来，以太网的传输速度有了极大的提高，从最初的 10Mbps 发展到现在的 100Mbps 甚至达到 10Gbps，这为改进以太网的实时性创造了很好的条件。尤其是交换技术的采用，有效地解决了以太网在多节点同时访问时的碰撞问题，使以太网更加适合工业应用。许多公司还在提高以太网的实时性和运行于工业环境的防护方面做了非常多的改进。因此当前以太网已成为 DCS 等各类工业控制系统中广泛采用的标准网络，但在网络的高层规约方面，目前仍然是各个 DCS 厂家自有的技术。

6. 现场总线网络

早期的 DCS 在现场检测和控制执行方面仍采用了模拟式仪表的变送单元

和执行单元,在现场总线出现以后,这两个部分也被数字化,因此 DCS 将成为一种全数字化的系统。在以往采用模拟式代表变送单元和执行单元时,系统与现场之间是通过模拟信号线连接的,而在实现全数字化后,系统与现场之间的连接也将通过计算机数字通信网络,即通过现场总线实现连接,这将彻底改变整个控制系统的面貌。

由于现场总线涉及现场的测量和执行控制等与被控对象关系密切的部分,特别是它将使用数字方式传输数据而不是使用简单的 4~20 mA 模拟信号,其传输的内容也完全不局限于测量值或控制量,而包含了许多与现场设备运行相关的数据和信息,因此现场总线的传输问题要比模拟信号的传输问题复杂得多,这就是现场总线虽已出现多年,但至今仍然不能形成如 4~20 mA 这样统一标准的原因。这种多标准并存的局面很有可能长期延续下去,因为工业的应用是复杂多样的,而现场总线又涵盖了许多应用方面的内容(4~20 mA 标准仅仅实现了各种物理量的电气表示,而不管被表示的物理量做什么用途),加上各个利益集团的竞争,因此在一个不会很短的时期内,无法用一个单一的标准来满足所有需求。

传统的仪表控制也是由一个控制仪表实现一个回路的控制,这和现场总线仪表的方式是一样的,而本质的不同是传统仪表的控制采用的是模拟技术,而现场总线仪表采用的是数字技术。另外,还有一个本质的不同是:传统仪表不具备网络通信能力,其数据无法与其他设备共享,也不能直接连接到计算机管理系统和更高层的信息系统,而现场总线仪表则可轻易地实现所有这些功能。

7. 高层管理网络

目前,DCS 已从单纯的低层控制功能发展到了更高层次的数据采集、监督控制、生产管理等全厂范围的控制、管理系统,因此再将 DCS 看做是仪表系统已不符合实际情况,从当前的发展看,DCS 更应该被看成是一个计算机管理控制系统,其中包含了全厂自动化的丰富内涵。从现在多数厂家对 DCS 体系结构的扩展就可以看到这种趋势。

几乎所有的厂家都在原 DCS 的基础上增加了服务器,用来对全系统的数据进行集中的存储和处理。服务器的概念起源于 SCADA 系统,因为 SCADA 是全厂数据的采集系统,其数据库是为各个方面服务的,而 DCS 作为低层数据的直接来源,在其系统网络上配置服务器,就自然形成了这样的数据库。针对一个企业或工厂常有多套 DCS 的情况,以多服务器、多域为特点的大型综合监控自动化系统也已出现,这样的系统完全可以满足全厂多台生产装置自动化及全面监控管理的系统需求。

（二）DCS 的软件

DCS 的基本构成已如上节所述，而 DCS 软件的基本构成也是按照硬件的划分形成的，这是由于在计算机发展的初期，软件是依附于硬件的，对于 DCS 的发展也是如此。当 DDC 系统的数字处理技术与单元式组合仪表的分散化控制、集中化监视的体系结构相结合产生了 DCS 时，软件就跟随硬件被分成现场控制站软件、操作员站软件和工程师站软件，同时，还有运行于各个站的网络软件，作为各个站上功能软件之间的桥梁。

通过以上对 DCS 中各个站的功能描述，可以很清楚地知道每种站上的软件的功能，如现场控制站上的软件主要完成各种控制功能，包括回路控制、逻辑控制、顺序控制，以及这些控制所必需的现场 I/O 处理；操作员站上的软件主要完成操作人员所发出的各个命令的执行、图形与画面的显示、报警的处理、对现场各类检测数据的集中处理等；工程师站软件则主要完成系统的组态功能和系统运行期间的状态监视功能。

按照软件运行的时机和环境，可将 DCS 软件划分为在线的运行（Run Time）软件和离线的应用开发工具软件（即组态软件）两大类，其中控制站软件、操作员站软件、各种功能站上的软件及工程师站上在线的系统状态监视软件等都是运行软件，而工程师站软件（除在线的系统状态监视软件外）则属于离线软件。

下面分别描述各个站的软件功能及其构成。

1. 现场控制站软件

现场控制站软件的最主要功能是完成对现场的直接控制，这里面包括了回路控制、逻辑控制、顺序控制和混合控制等多种类型的控制。为了实现这些基本功能，在现场控制站中应该包含以下主要的软件。

（1）现场 I/O 驱动，其功能是完成过程量的输入/输出。其动作包括对过程输入/输出设备实施驱动，以具体完成输入/输出工作。

（2）对输入的过程量进行预处理，如工程量的转换、统一计量单位、剔除各种因现场设备和过程 I/O 设备引起的干扰和不良数据、对输入数据进行线性化补偿及规范化处理等，总之是要尽量真实地用数字值还原现场值并为下一步的计算做好准备。

（3）实时采集现场数据并存储在现场控制站内的本地数据库中，这些数据可作为原始数据参与控制计算，也可通过计算或处理成为中间变量，并在以后参与控制计算。所有本地数据库的数据（包括原始数据和中间变量）均可成为人机界面、报警、报表、历史数据记录、趋势及综合分析等监控功能的输入数据。

(4) 进行控制计算，根据控制算法和检测数据、相关参数进行计算，得到实施控制的量。

(5) 通过现场 I/O 驱动，将控制量输出到现场。

为了实现现场控制站的功能，在现场控制站中建立有与本站的物理 I/O 和控制相关的本地数据库，这个数据库中只保存与本站相关的物理 I/O 点及与这些物理 I/O 点相关的，经过计算得到的中间变量。本地数据库可以满足本现场控制站的控制计算和物理 I/O 对数据的需求，有时除了本地数据外还需要其他节点上的数据，这时可从网络上将其他节点的数据传送过来，这种操作被称为数据的引用。

2. 操作员站软件

操作员站软件的主要功能是人机界面，即 HMI 的处理，其中包括图形画面的显示、对操作员操作命令的解释与执行、对现场数据和状态的监视及异常报警、历史数据的存档和报表处理等。为了上述功能的实现，操作员站软件主要由以下几个部分组成。

(1) 图形处理软件，该软件根据由组态软件生成的图形文件进行静态画面（又称为背景画面）的显示和动态数据的显示及按周期进行数据更新。

(2) 操作命令处理软件，其中包括对键盘操作、鼠标操作、画面热点操作的各种命令方式的解释与处理。

(3) 历史数据和实时数据的趋势曲线显示软件。

(4) 报警信息的显示、事件信息的显示、记录与处理软件。

(5) 历史数据的记录与存储、转储及存档软件。

(6) 报表软件。

(7) 系统运行日志的形成、显示、打印和存储记录软件。

为了支持上述操作员站软件的功能实现，在操作员站上需要建立一个全局的实时数据库，这个数据库集中了各个现场控制站所包含的实时数据及由这些原始数据经运算处理所得到的中间变量。这个全局的实时数据库被存储在每个操作员站的内存之中，而且每个操作员站的实时数据库是完全相同的复制，因此每个操作员站可以完成完全相同的功能，形成一种可互相替代的冗余结构。当然各个操作员站也可根据运行的需要，通过软件人为地定义其完成不同的功能，而成为一种分工的形态。

3. 工程师站软件

工程师站软件可分为两个大部分，其中一部分是在线运行的，主要完成对 DCS 系统本身运行状态的诊断和监视，发现异常时进行报警，同时通过工程师站上的 CRT 屏幕给出详细的异常信息，如出现异常的位置、时间、性质等。

工程师站软件的最主要部分是离线态的组态软件,这是一组软件工具,是为了将一个通用的、对多个应用控制工程有普遍适应能力的系统,变成一个针对某一个具体应用控制工程的专门系统。为此,系统要针对这个具体应用进行一系列定义,如系统要进行什么样的控制;系统要处理哪些现场量,这些现场量要进行哪些显示、报表及历史数据存储等功能操作;系统的操作员要进行哪些控制操作,这些控制操作具体是如何实现的,等等。在工程师站上,要做的组态定义主要包括以下方面。

(1) 系统硬件配置定义,包括系统中各类站的数量、每个站的网络参数、各个现场I/O站的I/O量配置(如各种I/O模块的数量、是否冗余、与主控单元的连接方式等)及各个站的功能定义等。

(2) 实时数据库的定义,包括现场物理I/O点的定义(该点对应的物理I/O位置、工程量转换的参数、对该点所进行的数字滤波、不良点剔除及死区等处理),以及中间变量点的定义。

(3) 历史数据库的定义,包括要进入历史数据库的实时数据、历史数据存储的周期、各个数据在历史数据库中保存的时间及对历史库进行转储(即将数据转存到磁带、光盘等可移动介质上)的周期等。

(4) 历史数据和实时数据的趋势显示、列表及打印输出等定义。

(5) 控制算法的定义,其中包括确定控制目标、控制方法、控制周期及定义与控制相关的控制变量、控制参数等。

(6) 人机界面的定义,包括操作功能定义(操作员可以进行哪些操作、如何进行操作等)、现场模拟图的显示定义(包括背景画面和实时刷新的动态数据)及各类运行数据的显示定义等。

(7) 报警定义,包括报警产生的条件定义、报警方式的定义、报警处理的定义(如对报警信息的保存、报警的确认、报警的清除等操作)及报警列表的种类与尺寸定义等。

(8) 系统运行日志的定义,包括各种现场事件的认定、记录方式及各种操作的记录等。

(9) 报表定义,包括报表的种类、数量、报表格式、报表的数据来源及在报表中各个数据项的运算处理等。

(10) 事件顺序记录和事故追忆等特殊报告的定义。

以上列出了主要的组态内容,对组态的具体操作将在第3、4两章进行详细描述。组态后形成的文件被称为定义文件,或组态源文件,这是一种便于阅读、检查、修改的文件格式,但还不能被DCS系统执行。这些定义文件还必须经过工程师站上的编译软件将其转换成系统可执行的数据文件,然后经过下装软件对各个在线运行的节点进行下装,这样在实际运行时才可以按照组态的定义完成相应的控制和监视功能。

4. 各种专用功能的节点及其相应的软件

DCS 在其产生的初期,是以直接控制作为其主要功能的,而且 DCS 的主要作用是替代单元式组合仪表,因此 DCS 软件的重心是在现场控制站上,对 DCS 软件的要求是稳定可靠地实现对被控过程的回路控制。由于这样的定位,早期的 DCS 一般都规模不大,一般都在 1000 个物理 I/O 点以内,而且监督控制功能相对较简单。随着 DCS 功能的不断加强,越来越多的监控内容被纳入 DCS,系统的规模不断扩大,如当前用在火力发电站单元机组的监控系统,200MW 机组的 DCS 大约在 4000 个物理 I/O 点,300MW 机组的 DCS 大约在 6000 个物理 I/O 点,而 600MW 机组的 DCS 大约在 8000 个物理 I/O 点。这样大的系统规模,已经使得原来经典的 DCS 体系结构无法满足要求。

以操作员站的功能为例,原来是将直接控制以外的几乎所有功能都集中在操作员站上,每个操作员站上都有一份全局数据库的实时复制以支持这些功能的实现。但在系统规模大幅度上升后,操作员站的硬件环境就无法满足需求了,一是容量无法满足要求,二是操作员站的主要功能是图形画面的显示,需要随时根据操作员的操作调出相应的显示画面,这种性质的功能具有相当大的随机性,一旦请求发生,就需要立即响应,而且图形的处理需要极大的处理器资源,基本上在图形处理期间是不能同时做很多其他处理的,因此许多需要周期执行的任务会受到很多干扰而不能正常完成其功能,如历史存储、报表处理及日志处理等。而且,这些任务也不是完全均衡负荷的,如报表任务和历史数据存储任务,在某些整点时会有大量的数据需要处理,这时的 CPU 负荷就会严重超出,造成操作员站不能稳定工作。

为了有效地解决上述问题,在新一代较大规模的 DCS 中,针对不同功能设置了多个专用的功能节点,如为了解决大数据量的全局数据库的实时数据处理、存储和数据请求服务,设置了服务器;为了处理大量的报表和历史数据,设置了专门的历史站,等等。这样的结构,有效地分散了各种处理的负荷,使各种功能能够顺利实现,相应的,每种专用的功能节点上,都要运行相应的功能软件。而所有这些节点也同样使用网络通信软件实现与其他节点的信息沟通和运行协调。

5. DCS 软件体系结构的演变和发展

由于软件技术的不断发展和进步,以硬件的划分决定软件体系结构的系统设计已逐步让位于以软件的功能层次决定软件体系结构的系统设计。从软件的功能层次看,系统可分为以下三个层次。

(1) 直接控制层软件——完成系统的直接控制功能；

(2) 监督控制层软件——完成系统的监督控制和人机界面功能；

(3) 高层管理软件——完成系统的高层生产调度管理功能。

这三个层次的软件分别具有自己的数据结构和围绕各自数据结构的处理程序，以实现各个层次的功能。各个层次的软件之间通过网络软件实现数据通信和功能协调，低层软件为高层软件提供基础数据的支持，而系统则通过逐层提高的软件实现比低一层软件更多的功能和控制范围。从数据本身所代表的物理意义来看，底层数据比较简单，它们主要反映的是测量值，主要是作为控制计算的原始数据；而高层数据则逐级增加复杂程度，监督控制层的数据除反映测量值外，还要反映生产设备的运行状态，为操作人员掌握生产过程提供依据，因此需要增加很多特性，这就要对直接控制层提供的数据进行进一步的筛选和加工，使这些数据具备所需的特性；在高级管理层，原始数据除了要反映其测量值、生产设备运行状态外，还要反映生产调度信息、生产质量信息及设备管理信息等，为生产管理人员和企业经营人员提供经营管理信息，因此还要对监督控制层提供的数据再次进行筛选和加工，并且还要派生出一些新的数据，使其携带所需的信息。这种逐级增加并不断丰富数据内容的体系结构正是现代DCS的最大特点。

按照上述的三个功能层次，系统将具有直接控制、监督控制和高级管理这三个层次的数据库。这些数据库将分布在不同的节点上，因此需要通过各个节点之间的网络通信软件将各个层次的数据库联系在一起，并对数据内涵的逐级丰富提供网络支持。因此，可以说一个DCS系统的软件体系结构，主要决定于数据库的组织方式和各个功能节点之间的网络通信方式，这两个要素的不同，决定了各家DCS的软件体系结构，而且也造成了各家DCS的特点、性能及使用等诸方面的不同。

对于数据库这个专业词汇，一般人马上会反映到商用数据库，如Oracle、Sybase、Informax、DB2及SQLServer等，而实际上，在如DCS这样的实时系统中，特别是直接控制层和监督控制层的数据库主要是指实时数据库，这种实时数据库并不像商用数据库那样具有完备的数据组织、数据存储、数据保护及数据访问服务等功能，也不像商用数据库那样利用磁盘等外部存储器具有GB级以上的海量存储能力，实时数据库比较注重数据访问的实时性，因此实时数据库都是建立在内存之中的，其容量也不是很大，一般在MB数量级。为了提高数据访问效率，实时数据库的数据结构都比较简单，多数以查找最为便捷的二维表格方式组织数据。当然这里所说的是支持基本控制功能的实时数据库，在DCS的高级功能中，越来越多地加入了高层的管理功能，这些功能大

第七章 现代电力系统的先进技术应用

多需要大量的数据支持,而对数据访问的实时性则不苛求。在这种情况下,商用数据库就成为一种必要的软件支持,DCS 厂家虽然并不生产这种通用的数据库产品,但必须解决好 DCS 的实时数据库与商用数据库的接口,使得不同层次的应用都能够很好地发挥效用。

DCS 的数据库是实现各种功能的基础,由于 DCS 是分布结构,其数据库也必然是一种分布结构,而在这种情况下,就必须借助网络通信才能够实现各种我们所期望的功能。例如,DCS 中所有的现场 I/O 被分在若干现场控制站中,绝大部分的直接控制功能均可从本站得到原始数据,但也必然有一小部分功能要使用到不在本站的数据,这就需要进行引用,即通过网络将其他站的数据读取过来参加控制计算。如何才能够保证这种引用达到快速、准确及尽量少地占用网络资源,这就是系统体系结构设计所要解决的问题,其中包括网络的规约、网络通信的方式、物理 I/O 点的分站设计及各类功能软件如何分布的设计等。

在早期的 DCS 中,系统硬件的结构决定了软件的结构,因此系统的数据库也是与硬件紧密相关的。一般来说,支持直接控制功能的实时数据库分布在各个现场控制站上,其数据记录与物理 I/O 相对应。而支持人机界面及系统监控功能的全局数据库则建立在操作员站上,是一种多复制的形式。通过系统网络,各个实时数据库将最新的数据广播到各个操作员站上,以实现全局数据库的刷新。

随着 DCS 规模的不断扩大和系统监控功能的不断加强,这种多复制的全局数据库已无法满足大数据量的处理,也很难在大数据量的情况下实现各个复制的数据一致性保证,因此 DCS 逐步演变成带有服务器的 Client/Server 结构,而全局数据库也成为一种单复制的集中数据库形式。各个现场控制站通过系统网络对服务器的全局数据库实现实时更新,而操作员站和其他专用功能节点则通过更高一层的网络(在物理上可以与系统网络是同一个网络)从服务器上取得数据以实现本节点的功能,或在本节点上保存一个全局数据库的子集,通过实时更新的方法以满足本节点的功能对数据的需求。

对于高级管理层的数据库,由于其数据量的庞大和需要商用数据库的支持,因此均采用集中数据库的方式。高级管理数据库可以建立在专门的生产管理服务器上,也可建在 DCS 的系统服务器上,与 DCS 的监督控制层共用系统服务器。具体如何设计,可根据系统的规模、功能的设置灵活决定。

从软件本身的实现技术看,传统的软件技术是基于模块层次模型的,而现代软件技术则是基于面向对象模型的。这种新的软件技术以功能实现为主线组织数据和处理程序,而仅仅将硬件视为程序执行的载体,以此实现了规模化的专门处理，特别适合大规模、功能复杂的系统。

（三）DCS 的网络结构

1. DCS 的网络拓扑结构

关于网络的拓扑结构，我们可以参考许多有关网络的书籍。一般来说，网络的拓扑结构有总线型、环形和星形这三种基本形态。而实际上，对系统设计有实际意义的，只有两种，一种是共享传输介质而不需中央节点的网络，如总线型网络和环形网络；另一种是独占传输介质而需要中央节点的网络，如星形网络。共享传输介质会产生资源竞争的问题，这将降低网络传输的性能，并且需要较复杂的资源占用裁决机制；而中央节点的存在又会产生可靠性问题，因此在选择系统的网络结构时，需要根据实际应用的需求进行合理的取舍。当然最理想的网络是既可独占传输介质，又不需中央节点的结构形式，为了实现这一点，目前只有在各个节点之间全部使用点对点连接，但这种方式已不能称其为网络了，尤其在节点数量较大时，无论在具体的工程实施方面还是在系统成本方面都是不可行的。

在共享传输介质类的网络中，常用的资源占用裁决机制有两种，一种是确定的传输时间分配机制，另一种是随机的碰撞检测和规避机制。

在确定的传输时间分配机制中，主要采用两种方法进行时间的分配，一是采用令牌（Token）传递来规定每个节点的传输时间：令牌以固定的时间间隔在各个节点间传递，只有得到令牌的节点才能够传输数据，这样就可以避免冲突，也使各个节点都有相同的机会传输数据；另一种是根据每个节点的标识号分配时间槽（Time Slot），各个节点只在自己的时间槽内传输数据，这种方法要求网络内各个节点必须进行严格的时间同步，以保证时间槽的准确性。

随机碰撞检测和规避机制的最典型例子就是以太网，这是一种非平均分配时间的传输机制，即抢占资源的传输方式：各个节点在传输数据前必须先进行传输介质的抢占，如果抢占不成功则转入规避机制准备再次抢占，直至得到资源，在传输完成后撤销对介质的占用，而对占用介质时间的长短并不做强制性的规定。显然，这种方式对于要求传输时间确定性的实时系统是不适合的，因此在 DCS 中，以往只在高层监控和管理网中才使用以太网。

随着以太网交换技术的发展，总线型的以太网逐步演变成了星型结构，即将原来的传输介质占用方式由共享变成了独占，这种拓扑结构的变化解决了传输介质资源的占用冲突问题，为以太网用于实时系统铺平了道路，而带来的问题是网络中出现了中央节点，这个中央节点成为网络可靠性的瓶颈。目前交换式以太网的中央节点是一个交换器，最简单的交换器由一个高速的电子开关组成，其中只有节点地址识别和接通相应路径的功能，而没有信息缓存和转发等其他功能，因此这是一个简单的电子设备。对于这种简单电子设备，可靠性还是比较容易保证的。在 DCS 的底层，并不需要除物理交换以外更高级的网络功能，因此采用具有更高级功能的交换器，如三层交换，是不必要的，这不但会增加成本，还会降低系统的可靠性。而在 DCS 的高层，其提供的功能更偏重于信息系统，因此将会用到具有高级交换功能的交换器。

2. DCS 的网络软件

网络通信软件担负着在系统各个节点之间沟通信息、协调运行的重要任务，因此其可靠性、运行效率信息传输的及时性等对系统的整体性能至关重要。在网络软件之中，最关键的是网络协议，这里指的是高层网络协议，即应用层的协议。由于网络协议设计得好坏直接影响到系统的性能，因此各个厂家对此都花费了大量的时间进行精心的设计，并且各个厂家都分别有自己的专利技术。

早期的 DCS 网络软件比较简单，其实质就是 DCS 中各个节点之间的通信软件，如现场控制站将本地的实时数据传送给每个操作员站、各个现场控制站间的变量引用、操作员站将操作员对现场的操作命令传送给相应的现场控制站等。

随着 DCS 规模的不断扩大，功能的不断扩充，通过网络传输的信息量大大增加，而且信息的种类也越来越繁杂，这时仅靠简单的数据通信就难以满足要求了，网络通信必须要能够容纳大量的、多种类型的信息传递，因此高速、通用及标准的网络产品，如以太网，逐步进入了 DCS 的体系中。标准的网络产品提供了完全规范并兼容的程序接口，屏蔽了底层，如物理层、数据链路层、网络层等与具体设备相关的特性，使 DCS 软件在网络设备改变、网络拓扑结构变化，甚至底层网络驱动软件改变时不必进行修改而直接沿用；对于需要传输的信息，不论信息量的大小，信息传递的频率，信息内容是什么，都可以用统一的网络通信命令实现通信。这些都大大有利于 DCS 软件在功能和性能上的提升。

就目前的情况看，上面所说的网络标准指的是建立在 ISO 七层网络模型 OSI 基础上的各层协议标准。DCS 所使用的标准网络协议，一般指四层及以下各层协议，如 TCP/IP 以下的各层协议。这些低层协议只负责将有关数据及时、准确及完整地实现传输，而不关心被传输数据的内容和表示方法。OSI 的低层协议，一般指最低两层协议，决定了系统的网络拓扑结构。如以太网标准（即 IEEE 802.3 系列标准），早期是典型的总线型网络，是一种无中央节点、各个节点共享传输介质的网络。而近期出现的交换式以太网，则通过增加交换器，在物理层将以太网由总线型网改造成了星型网，成为一种具有中央节点的、各个节点独占传输介质的网络。

对于一个完整的系统来说，不仅要完成各个节点之间的数据传输，更重要的是要通过数据的传输实现所需的功能，这就必须注重数据所携带的信息和这些信息的表达方式，也就是说，在网络通信中，更加重要的是信息内容，这是属于 OSI 模型的高层，即第七层协议所要解决的问题。目前，DCS 网络的高层协议仍由各个 DCS 厂家自行设计，仍然是各个 DCS 厂家的专利技术。

近年来，人们试图在高层网络协议方面制定标准，其层次定位在第七层，即网络模型的最高层应用层，甚至在有些标准中出现了更高的第八层用户层协议。之所以要制定高层的网络协议，是要规范在网络上传输的信息内容及其表示方法，实现完全彻底的开放，现场总线实际上就是要达到这个目的。但由于自动化应用的多样性和复杂性，用一个单一的标准规范所有的应用是非常困难的，比较现实的办法是区分几种不同的应用，分别形成适合不同应用的几种标准，而目前 IEC 在现场总线标准的制定方面就是采取了这种办法。除了应用的多样性和复杂性所带来的困难外，高层网络协议标准的难以形成还在于已有企业集团的商业利益。上面谈到，目前 DCS 中的高层网络协议都还是各个厂家的专利技术，如果将这部分标准化了，实现了网络的全面开放，那么由专利技术带给这些厂家的利益将会消失，这自然是他们不愿看到的事实，因此高层网络协议标准的形成将是一个相当漫长的过程。

（四）DCS 的物理结构及硬件构成

1. 现场控制站的物理结构及其硬件构成

在物理结构方面，DCS 的现场控制站采取了集中安装的方式。虽然在定义中现场控制站在理论上是可以通过计算机网络被放置到工厂的各个不同的位置，但考虑到运行管理和维护的方便，一般还是集中安装在离主控制室不远的电子设备间中。也就是说，DCS 的分布概念是逻辑上的，而在物理上仍然采用集中安装方式。一般来说，一个现场控制站，包括输入/输出模块、主控模块及现场信号电缆相连接的端子排等，它们被安装在一个电气机柜中，一个机柜（在现场控制站规模较大时也可能用两个并列机柜）是一台现场控制站，多台现场控制站的机柜并列在电子设备间中，这样便于值班人员及时掌握 DCS 的运行情况，也便于接线、查线和进行设备维修。

在硬件上，DCS 的现场控制站由以下几个部分组成。

（1）过程量 I/O，包括模拟量输入/输出，开关量输入/输出，累计量（计数值）输入/输出和脉冲宽度输入/输出等几种。结构形式有插板式和模块式两种。

（2）主控单元，即实现处理和计算的主体，其中包括 CPU、存储器、处理和计算软件。

（3）电源分为逻辑电源和现场电源两种，为过程量 I/O 接口及主控单元提供电源的为逻辑电源，为现场量 I/O（如干接点式开关量输入的接点电源、开关量输出继电器的控制线圈电源、供电式仪表的供电电源等）提供电源的为现场电源。两种电源应该实现电气隔离，不允许共用地线。

（4）通信网络，包括根据需要配置的集线器、交换器及路由器等。

（5）机柜、机架等机械安装结构件。

由于现场控制站直接面向现场的 I/O 信号，因此需要有几百对电缆线（目前多数 DCS 都可以达到每个控制站容纳并处理几百个过程 I/O 点）从现场引入控制站机柜，这样大量的电缆线如何在机柜内铺设，而且要便于检查、测试，不影响过程量 I/O 模块的安装、维护及更换，的确是一件很困难的事，不同厂家生产的各种型号的 DCS，可能在电路、逻辑上差别不大，但在机柜内部的结构、信号电缆的排列和接线方面有着相当大的不同，主要原因就是为了工程、使用和维护上的方便考虑。目前各家 DCS 的 I/O 模块，可以归为两大类，一类是插板结构，另一类是模块结构。一般来说，早期的 DCS 多采用插板结构，这是因为早期的 DCS 在现场控制站内部均采用并行总线实现主控单元、电源和 I/O 模块的连接，使用插板结构，所有插板都插在一个机架 chassis 中并通过一块大的总线背板连接在一起，结构上相当整齐。而且模板的更换十分方便简单。另外，插板结构的安装密度较高，可以容纳较多的 I/O 点。其缺点是配置不够灵活，在 I/O 点的数量较少时也要配置一个完整的机架，如果 I/O 点数刚好比一个机架的容量多一点，则必须增加一个扩展机架。近年来，由于 DCS 的技术不断成熟，成本不断下降，因此许多中小规模的控制工程中越来越多地采用了 DCS。这些系统要求有更灵活的配置，使现场控制站的 I/O 点数能够适应较大的变化范围。因此，近年来在 DCS 产品中模块结构逐渐多了起来。特别是在计算机技术取得较快的进步后，原来不够灵活的并行总线逐步被串行总线（现场总线实际上就是一种串行总线）所代替，而串行总线的最大优势就是可以不用大而笨重的总线背板，只依靠一对信号线和一对电源线就可以将各个 I/O 模块连接在一起，其连接模块的数量可多可少，连接的距离也可以比较长，这些技术上的进步促进了模块结构的发展。模块结构的现场控制站配置很灵活，但安装密度较低，不适于在较大的系统中配置成容量较大的现场控制站。另外，由于各个 I/O 模块是通过串行总线连接在一起的，因此在维修时，模块的拔下和插上必须保证信号线和电源线一直处于接通状态，以避免影响其他模块的运行。

另外，从工程的角度考虑，还应注意以下几个问题。

（1）与现场信号线的连线端子应该有较大空间，以方便检查线和信号，并便于进行测试。

（2）现场信号线的接线端子应处在 I/O 模块的状态指示灯同一侧，最好能使二者一一对应，以方便调试。

（3）尽量减少接插件的数量，在接插件中，直接用螺丝钉固定的方式优于插针方式，而插针方式优于印制板边缘接触（俗称金手指）方式。绕接方式的可靠性与用螺钉固定方式相同，但是一次性连接，很难改接。

（4）机柜内部散热应仔细设计，一般将发热量大的模块放在最靠近散热口的位置，柜内模块尽量采用自然散热方式的低功耗设计，避免使用风扇，因为风扇不但噪声大，而且其寿命远低于电子元器件。

（5）所有模块的接插，所有电源的接插都应有防误插措施，以免造成误插的损坏。

（6）带有高电压的端子必须有防护罩，以保证人身安全及设备安全。

2. DCS 网络的物理结构及网络硬件

我们在以上所讲述的网络拓扑和网络结构，都是逻辑上的，它只表明了各个网络节点互相之间的连接关系。而在实际工程上，还必须具体决定网络的拓扑结构和物理结构，包括采用什么样的网络设备，如何分组和划分网段等。

用于网络的硬件种类比较多，一般按照其功能进行区分并决定其用途。集线器（Hub）、重复器只完成网络物理层的扩展，如增加网络线的长度和增加网络线上节点的数量等；交换器是在网络的数据链路层进行工作，用于扩展网络的带宽，解决传输的碰撞问题；路由器工作于网络层，一般用于局域网与骨干网的接入；网关和网桥是解决异种网互相连接的设备，其上配有不同网络的物理接口和协议转换软件，使不同的网络可以互通信息。

在网络硬件方面，包括网络线、网络接口板、网络连接器、集线器、交换器、路由器、重复器、网关及网桥等，应该注意的是其环境适应能力，特别是网络的传输介质。由于 DCS 网络，特别是现场总线网络是连接各个现场设备的，其传输介质，即网络线是在工业现场敷设的，因此对恶劣环境的耐受力，如温度、湿度、震动、机械碰撞、腐蚀性气体和液体、电磁干扰、高压电及雷击等，都有很高的要求。一般在办公环境下的网络设备只适于在主控室和专用的电子设备间使用，不能用在生产现场。另外，对于有防爆要求的现场，还应该保证在现场安装的网络设备具有防爆的技术条件。

在网络布线方面，除要求网络线应该具有电磁屏蔽层，还应该对网络线进行防护，如使用单独的金属穿管等。如果是架空线，应该特别注意防雷击的问题，最好是采用转换器将需要架空的网络线部分由铜线转为光缆，以确保安全。

在系统中各个设备通过网络实现连接时，比较难处理的是接地问题，在工业应用中，特别要求网络线两端的电气隔离，这样在进行接地时可避免因网络线的连接引起的多点接地而产生干扰。这个问题在系统设备在地域上分散安装时尤为突出，往往因为网络连接造成各个安装场地的设备产生非预期的电气交连，在这种情况下出现的干扰非常难排除。

3.DCS 的冗余设计

为了保证 DCS 的可靠性，绝大多数 DCS 都采用了冗余设计，这是由于冗余设计可以保证在系统中的某一个硬件设备出现故障或损坏时，系统不会因此而出现失控，导致被控对象发生事故，特别是一些有较高危险性的生产过程。

在仪表控制系统的时代，很少有冗余设计的实例，这是由于仪表控制系统的控制回路是各自独立的，每个控制回路都有自己的检测单元、控制单元和执行单元，任何一部分的设备损坏或故障都只影响自己这个回路的控制，一般不会出现安全问题。而 DCS 则不同，DCS 的现场控制站要承担多个控制回路的计算，一旦某个现场控制站出现问题，受到影响的将是所有这个站控制的回路，其危害和后果要严重得多，因此，现场控制站的冗余是在系统可靠性设计中首先应该考虑的。

在现场控制站采取了冗余设计后，与其相应的部分也应该同步地采取冗余设计，否则仍然解决不了保证回路控制可靠性的问题，如电源的冗余可保证现场控制站的主控单元和相应 I/O 模块的可靠供电；系统网络的冗余可保证站间引用的可靠实现；重要 I/O 模块的冗余可以保证关键控制回路的控制功能，等等。

系统中任何一部分的冗余设计都是与故障切换联系在一起的，因为冗余的目的是在系统的某一组成部分出现故障时能够不失去这部分功能，因此必须要有故障切换，可以用冗余的完好部分接替故障部分，使系统继续正常运行。对于系统中各个冗余配置的部分，其相应的故障切换部分应该可靠性更高、工作更加稳定，因为我们不可能再为故障切换设备设计冗余配置，因此在很大程度上，系统的可靠性将取决于故障切换部分的可靠性。另外，任何切换策略都避免不了切换所造成的干扰，特别是对现场的干扰，而这种干扰往往对被控对象产生不利的影响。

在系统中进行了冗余设计时，还应该特别注意一个问题，就是软件的正确性对冗余设计的影响。如果期望冗余的配置能够起到预期的作用，首先必须保证冗余的部分中软件的正确性，因为冗余只能解决硬件故障时的替换运行，而无法解决不正确的软件所带来的问题，如果冗余设计的部分存在软件缺陷，则无论如何进行故障切换,也不能使系统正确运行。

最后,在进行系统的设计时,要慎重使用冗余设计,除非有特别的需要或特别重要的部分,一般不轻易采用冗余的设计,第一是这将大大提高系统的成本,第二是冗余设计是一种相当复杂的技术,它可以解决很多可靠性的问题,同时它本身也会带来可靠性问题(如故障切换设备的不可冗余和切换过程所带来的干扰),如果系统中过多地采用了冗余设计,很可能是得不偿失的,即冗余设计所带来的问题可能要多于它所能够解决的问题,因此一定要考虑适度和适用的问题。

另外,现在新一代的 DCS 可以做到更加分散的程度,甚至达到每个控制回路采用一个控制器,这在技术上已没有困难,在成本上也逐步进入可接受的范围。对于分散到每个回路的 DCS,其体系结构已达到了仪表控制系统的分散度,因此可按照仪表控制系统的方式考虑,不进行控制器的冗余,除非是非常重要的控制回路。

关于网络的冗余,一般采用双网方式,两条网络的工作方式可以是并行的,即同样的信息在两条网上重复传输,以获得故障时的零切换时间;也可以采用路径选择方式,在一条网络出现故障而导致通信异常时,可通过另一条网络进行传输,但这种方式有较长的切换时间。环形拓扑的网络本身具有冗余性,因此一般可不进行双网配置。

四、火电厂智能 DCS 的功能设计与应用研究

(一)火电厂建设智能 DCS 的技术架构

根据火电厂智能 DCS 的发展思路,可勾勒出如图 7-1 所示的三层次的技术架构。其中,数据层基于可靠的交互接口达成对生产数据的全景式收集、梳理和存储;计算层达成对生产数据做有效信息(包括模式、知识等)的提取;应用层为专职人员利用计算层提炼的有效信息提供交互环境。

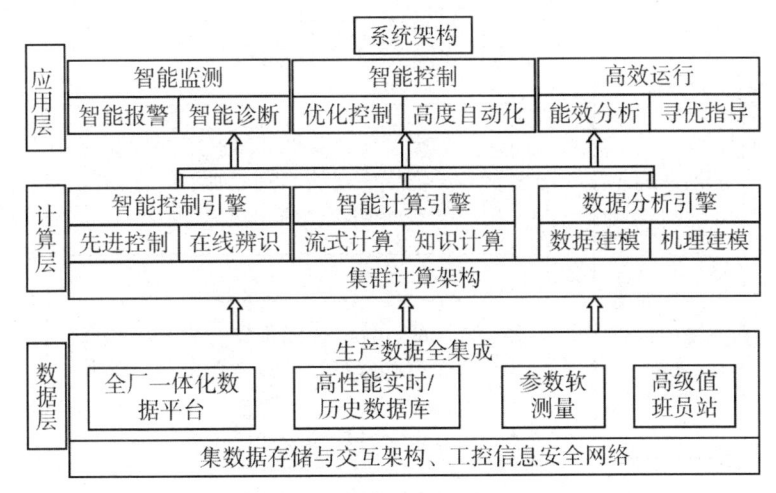

第七章 现代电力系统的先进技术应用

图 7－1 智能 DCS 的技术架构

火电厂智能 DCS 的整体功能目标设计如图 7－2 所示。

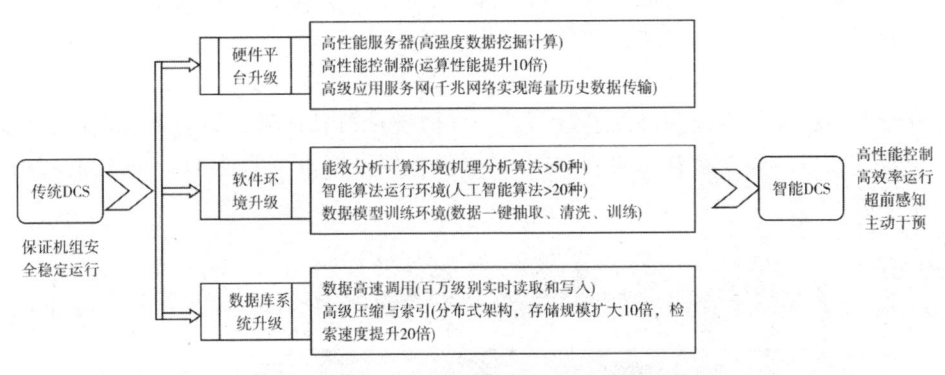

图 7－2 火电厂智能 DCS 的整体功能目标设计

有了技术架构指引和功能目标定位，就可进行传统 DCS 的升级工作。大致来说按先"单元机组"后"全厂综合"的顺序。

单元机组升级分两步：①在机组传统 DCS 中部署系列智能组件（智能控制器/智能计算服务器/智能报警服务器/数据分析服务器/大型实时历史数据库/高级应用服务网）。②吸纳面向预测控制、自抗扰控制、能效分析等方面的先进算法，以达到全程自趋优运行。图 7－3 所示为单元机组 DCS 的升级路线。

```
┌──────────────────────────────────────────────────────────┐
│              火电厂智能DCS的整体功能目标                  │
│                                                          │
│  ┌──────┐    ┌────────────────────────────────────┐      │
│  │面向发 │    │以数据分析、智能计算和智能控制技    │      │
│  │电生产 │───▶│术，实现底层的实时控制、优化控制    │      │
│  │运行控 │    │和生产数据全面监测                  │      │
│  │制过程，│    └────────────────────────────────────┘      │
│  │建立生 │                                                │
│  │产实时 │    ┌────────────────────────────────────┐      │
│  │数据统 │    │将性能计算、优化指导、预警诊断等    │      │
│  │一处理 │───▶│功能与运行控制过程无缝融合，提升    │      │
│  │平台   │    │运行和控制环节的智能化水平，实现    │      │
│  └──────┘    │发电过程的统性优化和增效            │      │
│              └────────────────────────────────────┘      │
└──────────────────────────────────────────────────────────┘
```

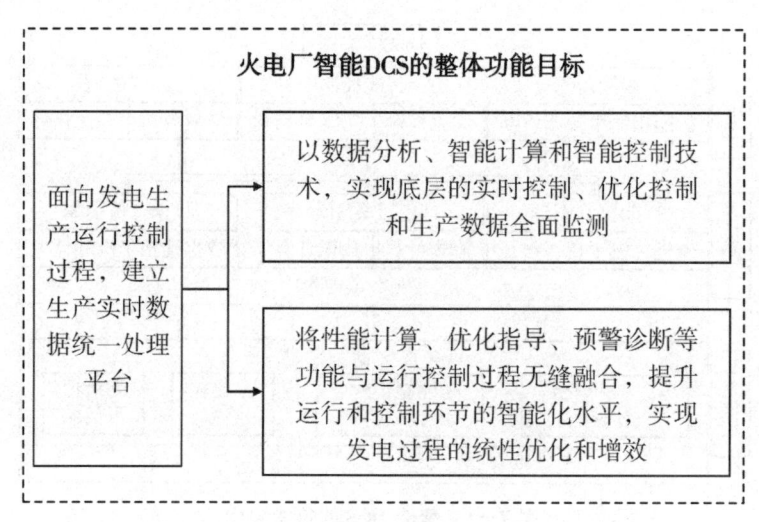

图 7-3 火电厂单元机组智能 DCS 的升级路线

在单元机组完善智能 DCS 后，为达成对全厂全局性数据的价值挖掘和综合分析，可经由域间隔离器，将单元机组和各系统（灰煤系统、化水系统、主机公用系统等）进行连接，并配置系列厂级智能组件，使得各类环境（应用/分析/开发/控制）成为高度开放型，一方面规避信息孤岛，另一方面达成全厂全景式数据的高度融合与交互。图 7-4 为案例电厂进行智能 DCS 改造的网络拓扑图。

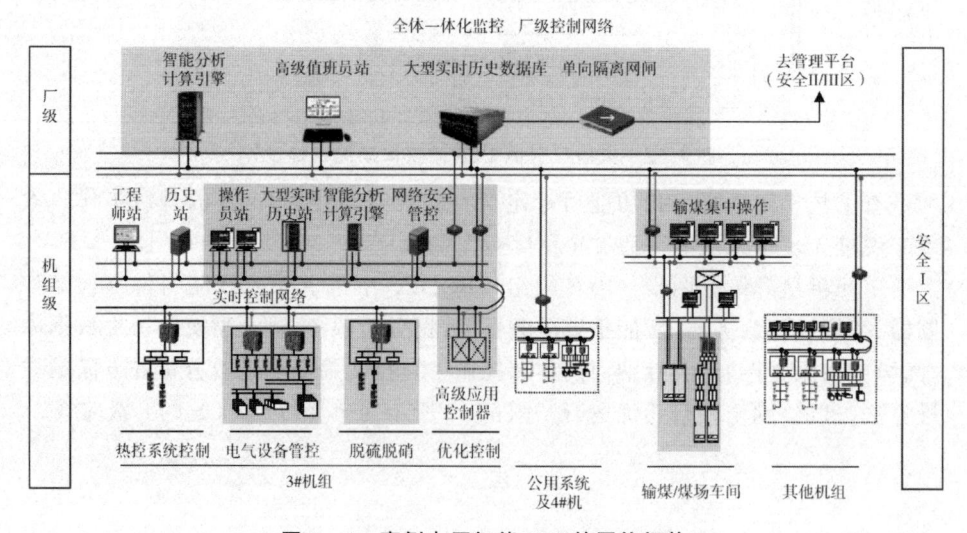

图 7-4 案例电厂智能 DCS 的网络拓扑

(二) 火电厂智能 DCS 的功能设计

虽然不同火电厂规制不一，但生产工艺特点均类似，因此在智能 DCS 建设上是大同小异的。现以某火电厂为例，勾勒如图 7-5 所示的智能 DCS 功能期冀，以期起抛砖引玉之效。

下面就图 7-5 中的重要部分略作阐述。

(1) APS 与全程自动系统。APS 能实现机组启停自动化，可防止人为误操作，整体提升机组运行安全性。再以 APS 功能为根基，通过完善多项控制要素，可实现全程自动控制。

(2) 智能监测系统。该系统以大数据及 AI 技术为基础，主要监测控制回路品质、执行机构的性能、辅机和主机的全景运行信息等。

(3) 早期预警及智能诊断系统。该系统以大数据、可视化及 AI 技术为基础，在特定计算模型下，通过对大量历史及实时数据的计算，达成参数预警、报警，以及对报警事件的"问诊"与根源分析。

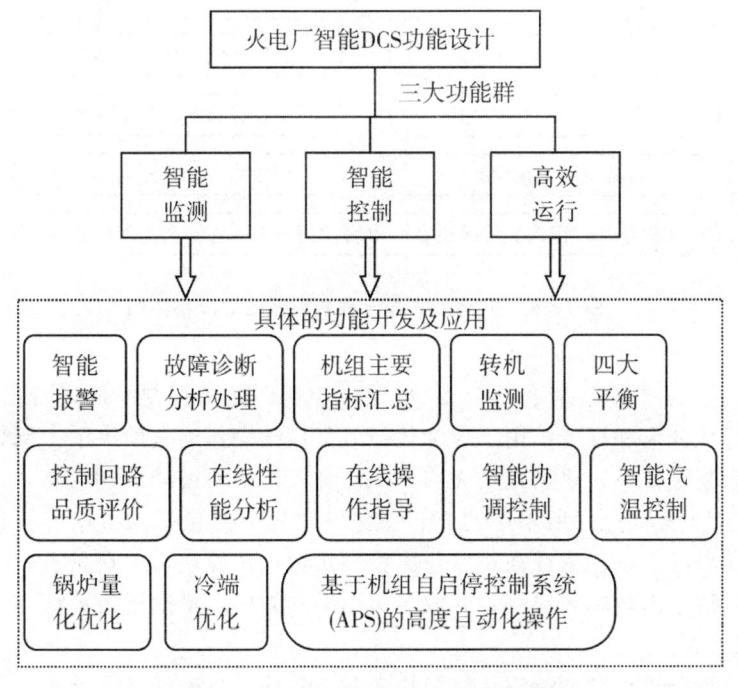

图 7-5 火电厂智能 DCS 的功能期冀

(4) 能效剖决及基于此的运行优化辅助决策。发电机组运行一个较长时间段后所产生的数据必然隐含诸多有价值信息，对这些数据进行深度挖掘和自寻优，再结合热力学机理，就能找出最优的过程控制目标值，从而给运行人员在参数调整、方式调整等方面提供合理的辅助决策。

（5）智能控制优化。火电机组变工况时，大多数机炉控制对象呈较强的时变性和非线性的特征，若采用常规 PID 控制应对，将收效一般。而智能 DCS 能借助高级算法达成多指标在线智控和优化（不是单项优化，而是协同优化）。

（三）火电厂智能 DCS 功能应用实例

前文已就火电厂智能 DCS 建设的功能设计、升级路线等进行了研究，下面将以某火电厂为背景，阐述火电厂智能 DCS 的功能应用情况，以增强该项技术革新的说服力。

1. APS 与全程自动系统的应用

某火电厂 3♯机组 2021 年 3 月实现 APS 一键启停，达成系列复杂操作的全过程自动控制，详情如图 7-6 所示。

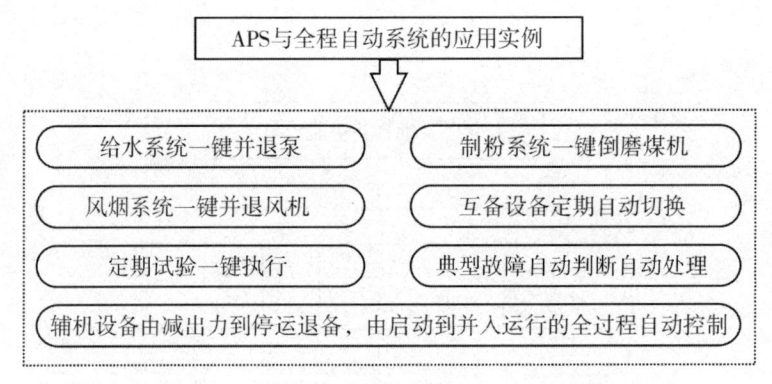

图 7-6 关于 APS 与全程自动系统的应用实例

2. 关于智能监测系统的应用

（1）控制回路的品质监测。该模块对控制回路的控制品质进行实时摄取，并出具量化分值和评价结论，作为热控人员后续操作的辅助决策。例如：因品质较差出现报警后，热控人员无需人工计算，只要一键确认即可转入"PID 参数自整定"。某火电厂所采用的 PID 参数自整定方法包括以下内容：建模原理为快速傅里叶变换；依托面积法作出模型辨识；让控制对象在具备死区的滞环继电器作用下出现临界振荡；获取振荡周期和幅值后借助遗传算法寻优得到最佳参数。

（2）执行机构性能监测。该模块实时采集执行机构的运行数据，并经后台配备的专家知识库生成辅助诊断，使运检人员能及时明晰执行机构卡涩、连杆脱落等异常。另外，智能 DCS 是厂级平台，覆盖生产各环节，能消除信息孤岛，使数据增值。

3. 早期预警及智能诊断系统的应用

(1) 智能预警。利用两类神经网络（DNN 和 LSTM），基于系统各变量之间相互影响的具体机理，对海量历史数据展开深度学习，实现对机组重要设备重要参数的幅值预估。某火电厂的应用成绩预估值非常接近实际值（相对误差小于 5%），各项异常预警完全符合实际状况。

(2) 智能报警。电厂运行过程中的报警是非常多的，但大部分为参数振荡所引发的滋扰报警（运况调整过程中出现参数往复波动是正常的），不能表征真实态势。采用智能报警后，可经由对相关参数的协同判断来达成报警抑制，大幅缩减了运行人员的工作量。

(3) 报警诊断与根源分析。从长时间来看，机组发生故障不能百分百避免，但可以依托智能 DCS 来快速定位并辨识故障成因，这样就能迅捷开展故障处理。

(4) 大型转机装置的实时"问诊"。应用概要如图 7—7 所示。

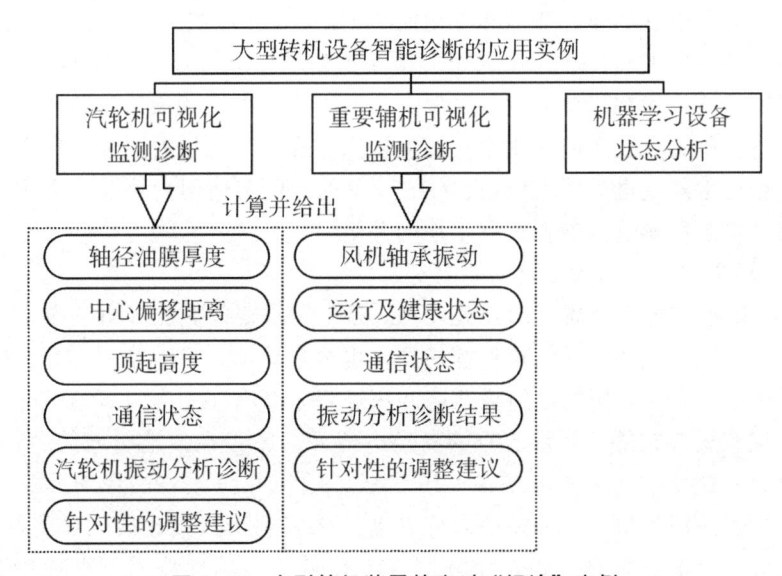

图 7—7 大型转机装置的实时"问诊"实例

随着信息化、AI、大数据等新兴技术的快速发展，火电厂 DCS 建设引来智能化契机。智能 DCS 将一革传统 DCS 的诸多弊端，实现数据共享、控制协调、平台开放等功效，不断提升火电厂在发电技术核心领域的竞争水平，并增进火电厂的"上网电价－发电成本"的电差价赚取能力。具体来说，可概括如下：

(1) 主体操作一键式，监测、预警、诊断、分析、指导、优化等环节全部自动化、智能化，使电厂的生产效率大幅提升、生产数据不断增值。

（2）应用智能 DCS 后，基本不再需要专职人员通过手动方式进行各类调控，这样既节省了人力，又规避了误操作，还实现了超前控制（即不再是出了不良状况后的"救火式"控制）。

（3）智能 DCS 可通过输出最佳运行参数，使发电过程所产生的能耗降至该类发电形式的下限，助力"双碳"目标的实现。同时因技术层次跃升，智能 DCS 也为电力系统"双高"期冀做出了贡献。

第二节　GIS 及其在电力系统中的应用

一、电力系统中变电站 GIS 设备安装与调试

电力能源以其高效、清洁和方便而得到广泛应用，电力系统的稳定运营对于我国的经济发展和社会建设有至关重要的影响。为确保电力系统正常稳定，一些关键性的技术和设备被大量采用，也取得较好的应用效果。其中，GIS 技术和设备在电力系统中的作用得到高度认同，在确保系统安全和稳定方面不可或缺。相比常规变电站电力设备，GIS 设备的性能和使用优势非常突出，其安装和调试也是影响这些设备正常工作的关键。

（一）变电站 GIS 设备的应用优势

GIS 即气体绝缘金属封闭开关设备，是一种重要的高压配电装置，主要由断路器、母线、隔离开关、电压互感器、电流互感器、避雷器、套管、接地刀等元件组成，GIS 采用的是绝缘性能和灭弧性能优异的六氟化硫（SF6）气体作为绝缘和灭弧介质，并将所有的高压电器元件密封在接地金属筒中。目前，我国电力系统变电站中已经装备 GIS 设备，选择 GIS 设备的原因是其自身所具有的突出应用优势。GIS 设备内部各器件之间利用六氟化硫气体绝缘隔离，元件之间不会形成电磁干扰。变电站 GIS 设备的应用优势，主要有如下几个方面：

1. 占用空间较小

变电站内部空间通常都比较狭小，要保证设备正常工作还要各种设备之间保持一定的安全距离，因此，占用空间更小设备一般都会更受欢迎。GIS 设备采用 SF6 绝缘，不但可以保证设备具有强大电弧断开能力，GIS 断路器还可以采用更小的体积设计。通过对 GIS 断路器的相关技术持续优化，整个设备所连接的元件数量也更趋于合理，空间占用情况得到极大改善。GIS 设备减小自

身体积，对实际的安装和调试是比较有利的，同时因为设备降低了系统的复杂度，对其维护保养提供了更多便利条件，有助于提升检修维护的效率和质量；

2. 可靠性高

变电站内电气设备比较集中，电磁环境复杂，会对电气设备的运转产生较大干扰作用。GIS设备被封闭在金属壳体内，其内部元件因为机壳的电磁屏蔽作用而不会受到外部电磁环境的影响，因此其实际工作状态下的稳定性能够得到很好保障。同时，变电站GIS设备具有遥控操作等功能设定，在开关进行隔离操作时无需人为方式操作，降低了人为误差的影响，对其自身工作的稳定性有提升效果；

3. 自动化水平较高

变电站引入GIS设备的一个主要出发点就是该设备的自动控制性能好，有助于电力系统提升自动化运行能力。考虑到很多变电站处于长期无人值守的条件下，自动化水平的显著提升，可以最大限度降低工作人员参与到变电站的实际运行操作的频率，包括检修环节的工作量也会大幅度下降，其应用层次也会得到提升。

(二) 电力系统中变电站GIS设备的安装

电力系统的变电站中，安装GIS设备是非常关键的建设环节，在实际安装中，需要严格按照操作规程和标准，做好实际安装环节的各项工作。

1. 安装准备

变电站GIS设备安装质量对空气湿度有严格要求，因此，在安装前必须选择湿度低于80的良好天气，为此要配备温湿度计对环境的温湿度进行随时监控。变电站地面要充分清洁，铺设防潮塑料布，将管口严格密封，避免灰尘进到设备内。要将导电杆充分擦拭，确保其干净后才能装到母线中。绝缘件为防止生锈会在出厂时涂抹黄油，安装前要擦拭干净，可以用酒精作为清洁剂。要对母线内部进行彻底除尘，可以用吸尘器将灰尘吸附，防止灰尘导致绝缘子绝缘性能降低造成放电问题。

2. 安装过程

(1) 导电杆安装

在安装时必须小心，避免GIS设备内部进入灰尘和潮气，为此，在安装和清理过程中要戴上塑胶手套。导电杆母线筒内导体的布设采取三角形方式，在盘式绝缘子的固定操作中需要利用导体将三相母线的触头按照确定位置进行固定，要实现良好的对地绝缘。

(2) 法兰连接密封安装

变电站GIS设备的密封只需要简单封装即可满足实际需要，其主要针对法兰的连接密封,通过密封环具体实现。在实际安装中,密封材料包括四个部分,即:密封面、O形圈、密封槽和密封胶。如果法兰间配合效果较差,还要通过对波纹管进行必要的调整进行补偿,通过调整使得接合和密封效果符合需要。之后,还需用螺母将波纹管法兰进行固定,并拴紧螺母。

(3) 主母线连接安装

主母线是连接 GIS 设备中各部件的主要方式,包括断路器、隔离开关、互感器、避雷器等借助主母线形成一体,以满足各种功能部件的电能传送和分配需要。在连接安装中,需要确保连接质量,对触头等关键部位要加强检查。

(4) 断路器安装

断路器安装中最重要的内容是抽真空操作,断路器出厂时为做到良好防潮效果需要灌注氮气,而断路器气室进行 SF6 气体充注前需进行彻底抽真空,达到低于 133.3Pa 的气室内压。通常情况下,断路器抽真空每个间隔要达到 7～8h,如果潮湿环境作业,还需要适当增加抽真空时间,至少 12h。

(5) 避雷器安装

避雷器安装时,要先除去避雷器的保护罩,以及 GIS 法兰盖板和接口屏蔽,对壳体内法兰面进行彻底清理。之后,将避雷器置于接口的下侧,并将避雷器吊起进行安装,待避雷器固定好后再将支架放置在避雷器下面,形成稳定的支撑作用。

(6) 套管安装

套管主要是保护架空线并连接 GIS 设备,在实际安装时注意安装顺序。对分支母线的套管安装是采取自外而内的顺序,套管通过吊车由变电站外面吊入。安装时还需要考虑天气的影响,必须选择晴朗天气进行套管的安装。

(三) 电力系统中变电站 GIS 设备调试

变电站 GIS 设备在安装过程中以及安装完成后,都需要根据实际要求进行设备调试,以满足实际工作需求。

1. 气体密度继电器校验检测

变电站 GIS 设备气体密度校验检测目的是测试气体密度继电器节点接触情况,进而判断继电器节点压力能否满足实际标准。在测试过程中,需要重点关注节点在不同条件下接触所引发的变化,看其与标准值对比,只有满足要求的取值范围才能认定合格。气体密度继电器校验检测不合格,坚决不能将其用于实际安装。

2. 气密性试验

变电站 GIS 设备的气密性试验主要针对气室接头、阀门、法兰接口等一些关键性的部位,对这些部位进行密封性检查,进而确定安装过程中是否存在问题，判断变电站 GIS 设备的气密性水平。在实际检测中，要先对设备充气，继而利用检漏探头按顺序对设备各接口缓慢移动检测，如检测设备报警，则可断定设备在检测接口出现渗漏，做好标记和记录，为后继的处理提供依据。

3. 微水含量测量

变电站 GIS 设备需要具备较高绝缘性能，这与设备内气体纯度和含水量等因素密切相关，为此，需要利用微水测量仪对 GIS 设备内所有气室气体微水含量进行测量。检测数据必须严格遵循相应标准：当完成断路器安装时，断路器气室水含量要≤150ppm，而正常运行状态下设备气室水含量≤300ppm。实际测量数据要在各气室达到额定压力 24h 后来进行，使测量值更加准确。

4. 避雷针检查

变电站 GIS 设备所使用的避雷针在结构上与普通避雷针不同，要根据实际现场情况进行调试，为此要采取有效方式进行性能试验。检查过程中，GIS 设备的避雷针会直接安装，要确保避雷针运输时没有受损。对此，可以通过避雷针指示器变化情况来具体判断，如果发现指示器数值变化，该避雷针必须返厂检修，确保其正常后才可以按照工序进行母线加压等后继操作。

5. 二次回路检查

对变电站 GIS 设备二次回路进行连通情况的检查，主要是确定回路中各种绝缘件、元件、接线端等能够达到质量标准，设备的连锁功能可以达到设计要求。通过直流电阻等具体的试验检查方式，研究确定 GIS 设备是否因机械振动造成设备组件发生位置偏移和元件松动等情况。同时，还要考虑空气尘埃等在设备内难以彻底清除，需要及时将其检测到，防止发生绝缘事故。

综上所述，电力系统中变电站使用 GIS 设备，可以改善原来的运行状态，提升电力保障的稳定性。在实际安装和设备调试中，不但要根据设备本身性能情况进行操作，更要从整个系统的稳定性方面强化安装质量。相关工作切实到位，才会保证设备工作状态稳定可靠。

二、GIS 技术支持下电力设备管理系统设计

在电力企业的发展中，电力设备的运行状态和运行有效性对电力系统的稳定运行起着非常重要的作用。现阶段，信息化设备和先进技术的融入力度逐步加大，应当做好电力设备管理系统匹配功能的优化和完善，以适应电力设备的管理要求。GIS 技术在电力设备管理系统中可以发挥重要的指导性作用，设计人员需结合系统的功能要求，合理应用 GIS 技术设计电力设备管理系统。

（一）基本目标

1. 结合相关政策法规做好系统设计

电力系统是电力资源供应的重要支撑，在电力设备管理系统的设计中，需结合宏观政策中对电力资源配置和应用的要求，在系统前期设计阶段根据相关国家政策进行针对性的分析，结合不同地区的电力系统配置网络规模和资源供应总量需求，进行科学的系统设计。

在系统设计中，GIS 技术是非常典型的核心技术。应用此技术，可提升系统通用功能和维护功能的层次，系统的业务范围也能得到拓展。只有在符合宏观政策的前提下落实系统设计的各项流程，明确系统设计的目标，才能确保系统设计完成后能够满足电力资源配置供应的实际需求。

2. 依托信息化系统提升电力企业管理水平

设计和应用电力设备管理系统，能够解决电力企业宏观管理和细节管理工作中的问题。应用信息化管理系统，可以改造优化传统的电力系统网络，提升电力企业管理水平。从企业长期管理工作成效来看，有了先进管理系统的支持，管理工作的有效性和针对性会同步提升。

3. 通过 GIS 技术实现电力系统的统一管理

应用 GIS 技术，电力系统的运行管理数据库和整体网络数据库的统一性会得到进一步的提升，数据标准也可基于管理系统的基本功能模块实现高度统一，从而提升系统运行效果和数据应用的有效性。基于更加精准全面的数据，可以构建多角度的配电系统和辅助应用系统，提升电力系统的管理成效。

（二）系统架构设计

1. GIS 平台的应用要点

（1）注重扩展性和伸缩性

GIS 平台具有功能强大、可扩展的典型特征。GIS 平台可以提供多种语言翻译支持，耦合方式以松散式为主，无论采用何种设计模式，GIS 平台都可自行提供相关的匹配支持。在电力设备管理系统开发后期，在确保原始系统功能结构完整性的同时，可以应用 GIS 平台的扩展功能，为用户直接应用系统完成工作任务提供便利。

（2）注重跨平台服务的效果

跨平台服务是指应用 GIS 平台开发电力设备管理系统的过程中，系统要保持良好的一致性，可以结合不同的数据库系统适应不同的操作系统环境，或在不同的硬件环境中保持安全稳定运行的状态。从用户角度来说，这种自行匹配适应的跨平台服务能够大量节省前期成本投入，保证系统的良好使用。

第七章　现代电力系统的先进技术应用

（3）注重与其他系统的衔接

与其他系统的衔接是指应用 GIS 平台开发电力设备管理系统时，要适应电力系统和相关领域发展的多元化需求，使系统具备良好的兼容性。良好的兼容性能够减少数据采集的频率，避免多次重复采集数据，节约采集时间成本。

2. 系统重点模块架构设计

（1）数据处理模块

在电力企业数据信息管理需求复杂多元化的背景下，数据处理模块是电力设备管理系统的核心模块，设计人员需要注重该模块设计的科学性和系统性。具体来说，数据处理模块需处理的数据类型包括以下两种。

①代表电力设备基础属性的参数性数据。其包括不同类型电力设备的型号、自然属性、额定数值等。数据处理模块只有针对上述参数性数据做到精准识别和妥善存储，才能在相关数据信息的调用过程中快捷精准地完成数据信息的调用和显示。

②代表电力线路网络覆盖范围的空间性数据。在日常的设备管理工作中，参数性数据具有典型的固定性特征，而空间性数据会发生动态变化，一旦出现线路新增、变电站位置转变等情况，空间性数据的属性和状态会同步转变。数据变化时，数据处理模块需要对相关转变进行精准捕捉和有效处理，即数据处理模块中的数据更新功能。

（2）统计分析模块

统计分析模块主要用于电力设备参数性数据和空间性数据的统计与分析。现阶段，电力设备应用具备复杂性和多样性，设备即使功能相同，型号也可能不同，设备的参数性数据和空间性数据也可能存在差异。在电力系统运行管理中，针对独立线路或多条线路需要统计汇总相关设备的信息数据。尤其在电力资源供应高峰期，需要结合宏观和细节数据分析电力设备的运行状态，以了解整个系统运行的稳定性。

3. 图形绘制模块

在电力设备管理系统中，图形绘制模块可以在 GIS 技术的支持下，实现对地图信息的观察和同步操作，其功能主要包括以下内容。

（1）用户可直接调用卫星图或城市图，或与电力设备分布图进行叠加。通过图形叠加，电力设备的空间位置更加清晰明了，叠加后的图形和数据也可通过叠加输出方式直接显示。

（2）用户的差异化需求可以得到充分满足。在常规情况下，图形叠加需经过手动调整达到预期效果。如果有了 GIS 技术的支持，可结合用户需求自动调节整体和细节信息。只要设置图形绘制基本模块和流程，通过程序融入的方式加入系统功能，就能对一些常见的专业综合图形进行自动绘制和调节。系统还可借助渲染功能优化绘图效果，实现预期目标。若在图形绘制的过程中，标准化模块与实际的绘图要求存在差异，还可通过图形修正功能，确保最终形成的图纸与实际的系统运行需求保持一致。

4. 对外接口模块

电力设备管理系统不仅要管理电力系统内部，还需要读取和显示用户端及外部环境的信息。因此，需设置对外接口模块。具体来说，对外接口模块包括以下两种类型。

（1）SCADA 系统接口模块

SCADA 系统接口模块的主要功能是数据采集及监视控制，在计算机系统支持下，SCADA 系统接口模块主要监控系统信息和系统状态。在电力系统中，SCADA 系统接口模块应用广泛、技术成熟度较高，可直接获取数据、精准定位部分独立线路的输电数据，系统工作人员可基于便捷性通道直接获取实时数据。

（2）供电营销系统接口模块

供电营销系统接口模块主要用于处理客户信息。在供电营销工作中，客户会向系统录入各种类型的数据，这些数据信息总量大，且不同类型的数据信息的特征有非常显著的差异。采用人工录入方式，工作效率低下。应用供电营销系统接口模块，能够更大范围地共享数据信息，并充分展示系统内其他辅助设备的基础信息和属性数据。在接口数据的采集过程中，需要保证不同系统内同一设备属性数据信息的一致，以确保数据信息在共享读取时保持准确性和可靠性。

（三）系统数据库设计

1. E-R 模型

E-R 模型主要通过联动具有客观联系的实体组成网络化模型。E-R 模型的基本属性分为内在属性和空间数据属性两部分。其中，内在属性强调通过对多种地理因素的统一记录和科学分类，形成差异化的参数信息和实时信息，包括导线型号、线路最大电流值、电阻值等数据。空间数据属性主要是指在二维或三维空间坐标下，系统基于拓扑结构形成的物理位置数据，物体之间的相对位置也可基于空间数据属性实现链接。

2. 属性数据库的设计

在属性数据库的设置中，用户需结合实际情况构建相应的属性数据与属性关系模型，并在此基础上结合标准进行区别分类存储。在形成基本的类别后，可制作标准化属性表格，同时完成属性的编码工作，应用编码为用户的自主检索提供便利。

在数据库的设计中,变压器表、变电站表及线路信息表都是在逻辑结构中发挥重要作用的结构性表格。数据库设计人员需要基于数据大批量管理的实际需求设计数据模型、数据逻辑结构,为取得更好的数据库应用效果奠定基础。

在 GIS 技术的支持下,设计电力设备管理系统时需结合设备类型、设备的基础参数及设备在整个电力系统中的应用状态进行合理设计。提升设计工作的规范性和合理性,可充分发挥电力设备管理系统在电力设备中的作用。

参考文献

[1] 郭南，马阳. 火电厂热工过程控制系统［M］. 沈阳：东北大学出版社，2017.

[2] 刘小保. 电气工程与电力系统自动控制［M］. 延吉：延边大学出版社，2018.

[3] 方翠兰，许军，易德勇. 电气工程识图·工艺［M］. 北京：北京理工大学出版社，2018.

[4] 刘刚利. 高等学校电气工程及其自动化专业应用型本科系列规划教材·信号与系统学习指导及习题集［M］. 重庆：重庆大学出版社，2018.

[5] 邵先锋，刘流，王震海. 超（特）高压工程电气专业知识应用［M］. 合肥：合肥工业大学出版社，2018.

[6] 蔡培. 火电厂锅炉燃烧优化技术研究［M］. 北京：中国原子能出版社，2018.

[7] 杜俊贤，王连桂. 电气工程制图项目化教程［M］. 北京：北京理工大学出版社，2019.

[8] 许明清. 电气工程及其自动化实验教程［M］. 北京：北京理工大学出版社，2019.

[9] 李文娟. 电气工程及其自动化专业英语［M］. 武汉：华中科技大学出版社，2019.

[10] 毕庆，田群元. 建筑电气与智能化工程［M］. 北京：北京工业大学

出版社，2019.

[11] 申金星，李焕良，崔洪新. 工程装备电气系统构造与维修技术[M]. 北京：冶金工业出版社，2019.

[12] 邵文冕. 电气工程训练[M]. 北京：机械工业出版社，2020.

[13] 燕宝峰，王来印. 电气工程自动化与电力技术应用[M]. 北京：中国原子能出版社，2020.

[14] 孙克军. 怎样识读电气工程图[M]. 北京：机械工业出版社，2020.

[15] 王刚，乔冠，杨艳婷. 建筑智能化技术与建筑电气工程[M]. 长春：吉林科学技术出版社，2020.

[16] 何良宇. 建筑电气工程与电力系统及自动化技术研究[M]. 北京：文化发展出版社，2020.

[17] 魏曙光，程晓燕，郭理彬. 人工智能在电气工程自动化中的应用探索[M]. 重庆：重庆大学出版社，2020.

[18] 李明君，董娟，陈德明. 智能建筑电气消防工程[M]. 重庆：重庆大学出版社，2020.

[19] 蔡杏山. 电气自动化工程师自学宝典精通篇[M]. 北京：机械工业出版社，2020.

[20] 侯建琪，石利银. 火电厂热力系统[M]. 哈尔滨：哈尔滨工业大学出版社，2020.

[21] 王林. 火电厂热工自动化技术[M]. 哈尔滨：哈尔滨工业大学出版社，2020.

[22] 王秀丽. 电气工程基础·第3版[M]. 西安：西安交通大学出版社，2021.

［23］方正．电气工程概论［M］．厦门：厦门大学出版社，2021．

［24］张旭芬．电气工程及其自动化的分析与研究［M］．长春：吉林人民出版社，2021．

［25］周江宏，刘宝军，陈伟滨．电气工程与机械安全技术研究［M］．文化发展出版社，2021．

［26］沈倪勇．电气工程及其自动化应用型本科规划教材·电气工程技术实训教程［M］．上海：上海科学技术出版社，2021．

［27］袁庆庆．电气工程及其自动化应用型本科规划教材·MATLAB与电力电子系统仿真［M］．上海：上海科学技术出版社，2021．

［28］董保香．火电厂电气设备检修与试验［M］．北京：中国商业出版社，2021．

［29］朱永强，王伟胜．风电场电气工程［M］．北京：机械工业出版社，2022．

［30］董志明，雷永锋，曹政钦．电气工程概论［M］．重庆：重庆大学出版社，2022．

［31］侯玉叶，梁克靖，田怀青．电气工程及其自动化技术［M］．长春：吉林科学技术出版社，2022．

［32］李桂艳．电气工程与PLC理论与实践探索［M］．天津：天津科学技术出版社，天津出版传媒集团，2022．

［33］岳涛，刘倩，张虎．电气工程自动化与新能源利用研究［M］．长春：吉林科学技术出版社，2022．

［34］曹传阳．电气工程师岗位必读［M］．哈尔滨：哈尔滨工程大学出版社，2023．

［35］尹世青，赖清明，吴鹏飞．建筑电气工程施工与安装研究［M］．长

春：吉林科学技术出版社，2023.

［36］冯美英，孙定华，薛文灵. 工程机械电气系统检修［M］. 北京：北京理工大学出版社，2023.

［37］齐笑言，吴静，梁川. 火电厂脱硫废水零排放改造经典案例［M］. 沈阳：东北大学出版社，2023.